职业教育美容美体专业课程改革新教材

护肤技术（下）

HUFU JISHU

主　　编◎陈晓燕
执行主编◎孔晶晶
副 主 编◎王小江
参　　编◎鲁家琦　崔蓉英
李巧云　彭德文
戴晓红

北京师范大学出版集团
BEIJING NORMAL UNIVERSITY PUBLISHING GROUP
北京师范大学出版社

图书在版编目（CIP）数据

护肤技术（下）/ 孔晶晶执行主编．—北京：北京师范大学出版社，2020.9（2023.2重印）
职业教育美容美体专业课程改革新教材 / 陈晓燕主编
ISBN 978-7-303-26345-5

Ⅰ．①护…　Ⅱ．①孔…　Ⅲ．①皮肤－护理－中等专业学校－教材　Ⅳ．①TS974.11

中国版本图书馆CIP数据核字（2020）第179574号

教材意见反馈： gaozhifk@bnupg.com 010-58805079
营销中心电话： 010-58802755　58801876

出版发行：北京师范大学出版社 www.bnup.com
北京市西城区新街口外大街12-3号
邮政编码：100088
印　　刷：天津旭非印刷有限公司
经　　销：全国新华书店
开　　本：787 mm × 1092 mm　1/16
印　　张：10.5
字　　数：201千字
版　　次：2020年9月第1版
印　　次：2023年2月第2次印刷
定　　价：32.00元

策划编辑：鲁晓双　　　　责任编辑：欧阳美玲
美术编辑：焦　丽　　　　装帧设计：李尘工作室
责任校对：康　悦　　　　责任印制：马　洁

再版序

从2007年起，浙江省对中等职业学校的专业课程进行了改革，通过大量的调查和研究，形成了“公共课程+核心课程+教学项目”的专业课程改革模式。美容美体专业作为全省十四个率先完成《教学指导方案》和《课程标准》研发的专业之一，先后于2013年、2016年由北京师范大学出版社出版了由许先本、沈佳乐担任丛书主编的《走进美容》《面部护理（上、下）》《化妆造型（上、下）》《美容服务与策划》六本核心课程教材。该系列教材在全省开设美容美发与形象设计专业的中职学校推广使用，因其打破了原有的学科化课程体系，在充分考虑中职生特点的基础上设计了适宜的“教学项目”，强调“做中学”和“理实一体”，故受到了师生的一致好评，在同类专业教材中脱颖而出。

教材出版发行后，相关配套资源开发工作也顺利进行。经过一线专业教师的协同努力，各本教材中所有项目各项工作任务的教学设计、配套PPT，以及关键核心技术点的微课均已开发完成，并形成了较为齐备的网络教学资源。全国、全省范围内围绕教材开展了多次教育教学研讨活动，使编写者在实践中对教材研发、修订有了新的认识与理解。

为应对我国现阶段社会主要矛盾的变化，实现职业教育“立德树人”总目标，提升中职学生专业核心素养，培养复合型技术技能型人才，依据教育部职业教育与成人教育司颁布的《中等职业学校美容美体专业教学标准（试行）》相关要求，编写者对教材进行了再版修订。在原有六本教材的基础上，依据最新标准，更新了教材名称、图片、案例、微课等内容，新版教材名称依次为《美容基础》《护肤技术（上）》《护肤技术（下）》《化妆基础》《化妆造型设计》《美容服务与策划》。本次修订主要呈现如下特色：

第一，将学生职业道德养成与专业技能训练紧密结合，通过重新编排、组织的项目教学内容和工作任务较好地落实了核心素养中“品德优良、人文扎实、技能精湛、身心健康”等内容在专业教材中落地的问题。

第二，对照国家教学标准，在充分吸收国内外行业企业发展最新成果的基础上，借鉴世界技能大赛美容项目各模块评分要求，针对中职生学情调整了部分教学内容与评价要求，进一步体现了专业教学与行业需求接轨的与时俱进。

第三，体现“泛在学习”理念，借助现代教学技术手段，依托一流专业师资，构建了体系健全、内容翔实、教学两便、动态更新的“丽人会”数字教学资源库，帮助教师和学生打造全天候的虚拟线上学习空间。

再版修订之后的教材内容更加满足企业当下需求并具有一定的前瞻性，编排版式更加符合中职生及相关人士的阅读习惯，装帧设计更具专业特色、体现时尚元素。相信大家在使用过程中一定会有良好的教学体验，为学生专业成长助力！

是为序。

陈晓燕

2020年6月

序

在一个较长的时期，职业教育作为“类”的本质与特点似乎并没有受到应有的并且是足够的重视，人们总是基于普通教育的思维视角来理解职业教育，总是将基础教育的做法简单地类推到职业教育，这便是所谓的中职教育“普高化”倾向。

事实上，中等职业教育具有自身的特点，正是这些特点必然地使得中等职业教育具有自身内在的教育规律，无论是教育内容还是教育形式，无论是教育方法还是评价体系，概莫能外。

我以为，从生源特点来看，中职学生普遍存在着知识基础较薄弱、专业意识缺乏、自信不足的问题；从学习特点来看，中职学生普遍存在着学习动力不足、厌学心态明显、擅长动手操作的情况；从教育特点来看，中职学校普遍以就业为导向，强调校企合作，理实一体。基于这样一些基本的认识，从2007年开始，浙江省对中等职业学校的专业课程进行改革，通过大量的调查和研究，形成了“公共课程+核心课程+教学项目”的专业课程改革模式，迄今为止已启动了七个批次共计42个专业的课程改革项目，完成了数控、汽车维修等14个专业的《教学指导方案》和《课程标准》的研发，出

版了全新的教材。美容美体专业是我省确定的专业课程改革项目之一，呈现在大家面前的这套教材是这项改革的成果。

浙江省的本轮专业课程改革，意在打破原有的学科化专业课程体系，根据中职学生的特点，在教材中设计了大量的“教学项目”，强调动手，强调“做中学”，强调“理实一体”。这次出版的美容美体专业课程的新教材，较好地体现了浙江省专业课程改革的基本思路与要求，相信对该专业教学质量的提升和教学方法的改变会有明显的促进作用，相信会受到美容美体专业广大师生的欢迎。

我们也期待着使用该教材的老师和同学们在共享课程改革成果的同时，能对这套教材提出宝贵的批评意见和改革建议。

是为序。

方展画

2013年7月

前言

十九大报告强调，中国特色社会主义进入新时代，我国社会主要矛盾已经转化为人民日益增长的美好生活需要和不平衡不充分的发展之间的矛盾。作为类别教育，职业教育特别是中等职业教育所培养的技能型人才恰恰是为人民追求美好生活提供切实服务的劳动者。坚持“立德树人”育人总目标，遵循《国家职业教育改革实施方案》基本要求，深化专业课程改革，培育学生的核心素养是新时代职业教育发展的明确路径。

中职美容美体专业（专业代码110100）的设立与发展，极大顺应了人民提高生活水平、追求美好生活的现实需求。经过十多年发展，目前全国各省份，特别是沿海经济发达地区开设该专业的学校如雨后春笋般涌现，专业人才数量不断增加，培养质量迅速提升。但由于缺少整体规划与布局，该专业自主性发展特征明显。虽有国家制定的《中等职业学校美容美体专业教学标准（试行）》，但鉴于各地区办学水平不尽相同，师资力量差距明显，对教学标准理解不到位、认识不统一，该专业的进一步良性发展受到了严重影响，一线专业教师对优质国家规划教材的需求日益迫切。

本套美容美体专业教材是在严格遵循国家专业教学标准并充分考虑专业发展、学生学情的基础上，紧密依靠行业协会、行业龙头企业技术骨干力量，由长期在美容美体专业教学一线的教师精心编写而成。整

套教材以各门核心课程中提炼出来的“关键技能”培养为目标，深切关注学生“核心素养”的培育，通过“项目教学+任务驱动”的方式，并贯彻多元评价理念，确保教材的实用型与前瞻性。各教材图文并茂、可读性强；活页形式的工作任务单，取用方便。本套教材重在技能落实、巧在理论解析、妙在各界咸宜。其最初版本曾作为浙江省中等职业学校美容美体专业课改教材在全省推广使用，师生普遍反映较好。

本教材依据《中等职业学校美容美体专业教学标准（试行）》要求编写。本教材的编写突出美容行业实际需求，以提高学生职业能力为导向。知识体系、框架结构与呈现方式等方面的创新，使教材更加切合中等职业学校学生的实际和需求。

本教材借助项目任务引领展开教学。编写过程坚持以提高学生的核心技能为导向，以突出创新性、实用性和可操作性为原则，注重调动学生的自主性和参与性，关注学生的情操陶冶与美育修养。

本教材上册有七个项目二十个任务、下册有七个项目十六个任务。在项目中设计了情境聚焦、任务评价、课后思考、项目总结、项目反思等环节，形式新颖、内容丰富。具体授课安排如下。

上册中的内容来源于工作过程，让同学们掌握皮肤护理前的准备工作、面部清洁、皮肤检测、面部按摩、面膜护理、结束工作这几个基础流程的规范操作，从而能熟练地进行面部皮肤的常规护理。建议教学学时126学时，具体学时分配如下表（供参考）。

项目	课程内容	建议学时
一	准备工作	7
二	面部清洁	14
三	皮肤检测	7
四	面部按摩	21
五	面膜护理	14
六	结束工作	7
七	整体护理流程	49
	机　动	7

下册主要围绕面部护理大框架，让同学们通过对眼、唇专业护理，头部按摩，前颈部护理，面部损美性皮肤护理，面部刮痧与拨经，耳部护理，男士护肤七类面部护理项目的学习，能胜任以面部为核心的皮肤的常规护理工作。建议教学学时126学时，

具体学时分配如下表（供参考）。

项目	课程内容	建议学时
一	眼、唇专业护理	35
二	头部按摩	7
三	前颈部护理	14
四	面部损美性皮肤护理	21
五	面部刮痧与拨经	21
六	耳部护理	14
七	男士护肤	7
	机 动	7

本教材融合了行业新技术、新工艺、新规范，既可供中等职业学校美容美体及相关专业的学生使用，也可作为美容师岗位培训及爱美人士学习的参考书。教材中的操作需由专业人士或在专业人士的指导下进行。本教材配套有全部的教学设计、教学PPT，重点内容有教学视频及实操教学案例。

本教材由陈晓燕任主编，孔晶晶任执行主编，王小江任副主编，鲁家琦、崔蓉英、李巧云、彭德文、戴晓红参与了教材编写，刘可、刘慧琴、陈余丹、朱正莲等同学担任插图模特。在编写过程中得到了杭州市拱墅区职业高级中学曾小明老师、陈明航老师等的鼎力帮助，还得到了杭州英美职业培训学校吉正龙校长、克丽缇娜集团杭州分公司王毕宁副经理、琴美健康美业集团田建军董事长、香港雍中缘健康产业集团王迪董事长、杭州上城区可馨美容工作室姚可馨女士的技术支持，在此一并表示感谢！

在教材编写中，参考和使用了一些专业人士的相关资料，转载了有关图片，在此向他们表示衷心的感谢。我们在书中尽力注明，如有遗漏之处，请联系我们。由于编者水平有限，书中难免有不足之处，敬请读者提出宝贵的意见与建议，以求不断改进，使教材日臻完善。

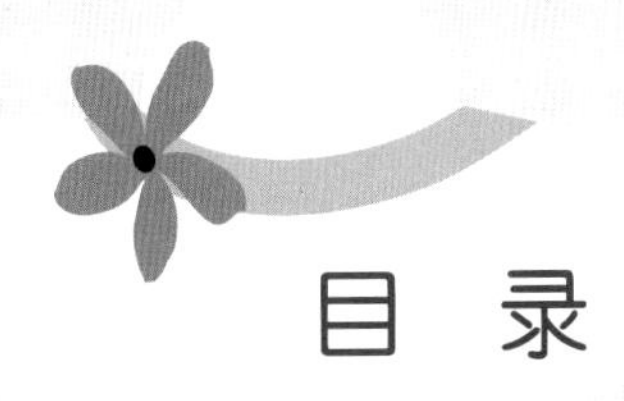

目 录

项目一

眼、唇专业护理

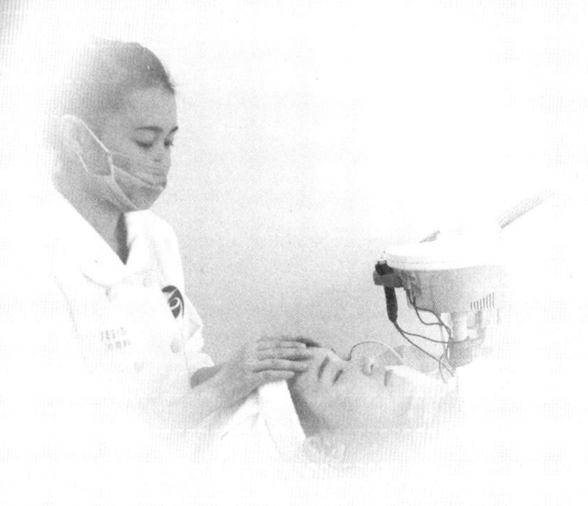

任务一 眼部皮肤专业护理

任务二 唇部皮肤专业护理

情境聚焦

经过一个学期的专业学习，李瑛对美容专业课由陌生到熟悉，在美容教师手把手地指导下，技艺明显提高，课余时间也能为亲戚朋友做做面部护理了。特别是李妈妈，李妈妈的脸以前黄黄的、干巴巴的，经过李瑛的护理，润泽了不少，但眼袋问题仍未能解决。问过美容教师之后，李瑛了解到美容院专门有面部重点部位的护理服务，包括眼部专业护理、唇部专业护理，这些都是专业美容院开设的常规服务项目，也是美容师必须掌握的技能。

我们的目标是

- 熟悉眼部护理基本操作程序
- 熟悉唇部护理基本操作程序
- 了解眼、唇部皮肤居家护理手法

着手的任务是

- 学会眼部皮肤专业护理手法
- 学会唇部皮肤专业护理手法
- 掌握眼、唇部皮肤居家护理手法

任务实施中

任务一　眼部皮肤专业护理

眼睛周围的皮肤特别柔细纤薄，并有许多皱褶，故眼周肌肤水分蒸发速度较快。同时，眼周皮肤的汗腺和皮脂腺分布较少，眼周皮肤特别容易干燥缺水。这些因素决定了眼周皮肤是非常容易老化并产生问题的。

美容院眼部护理是美容师通过一定的非医学手段，对顾客的眼睑部皮肤进行外部保养的过程，它能相对有效地缓解眼袋、黑眼圈、鱼尾纹等眼睑部的皮肤问题。

一、眼部皮肤的护理程序

眼部皮肤专业护理程序包括下面七个步骤，让我们一起来做一做、学一学！

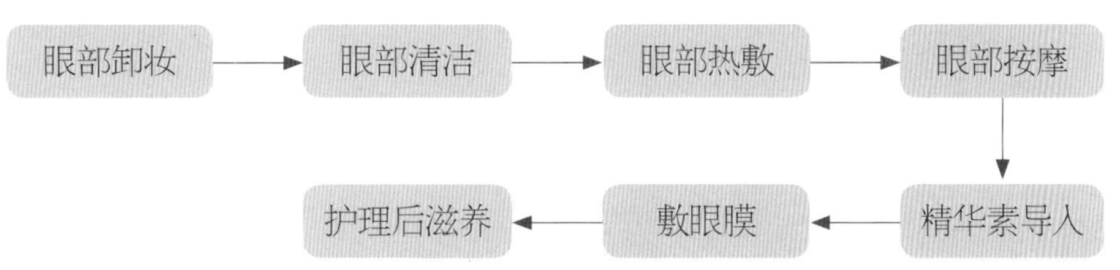

眼部护理基本程序

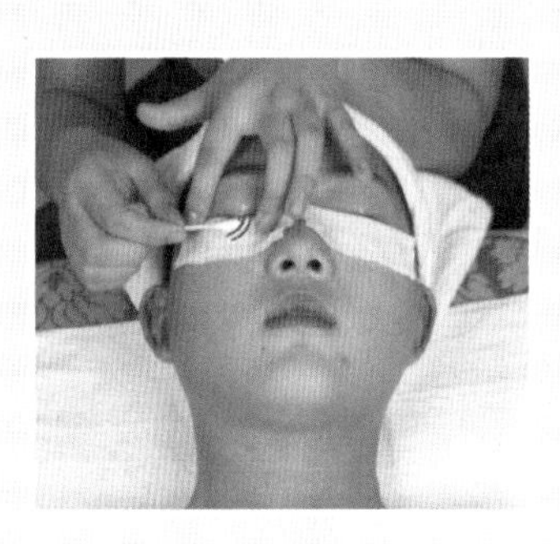

图1-1-1　眼部卸妆

- **操作示范**　图1-1-1　眼部卸妆
- **操作方法**　用专业的方法，卸除眼影、睫毛膏、眼线等彩妆。
- **操作要点**　一侧卸妆完毕后再进行另一侧卸妆。
- **注意事项**　使用相应的眼部卸妆产品。

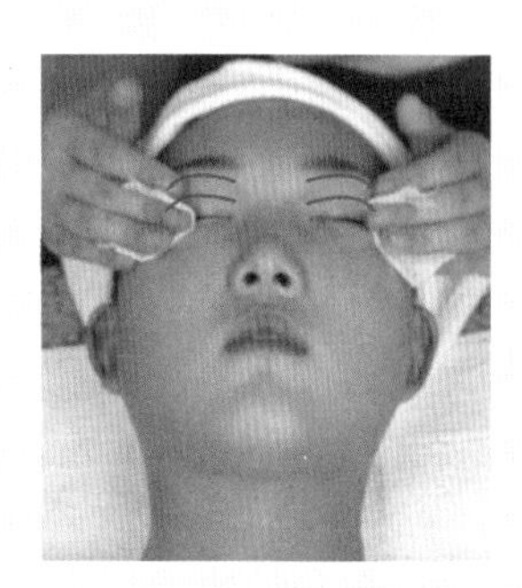
图1-1-2　眼部清洁

- **操作示范**　图1-1-2　眼部清洁
- **操作方法**　用“美容指”（中指及无名指）取适量的眼部清洁用品，涂抹于眼周，以在眼周打圈的方式清洁，最后用化妆棉擦干净。
- **操作要点**　动作轻柔，双手“美容指”的指腹用力。
- **注意事项**　切忌将清洁品流入顾客眼中。

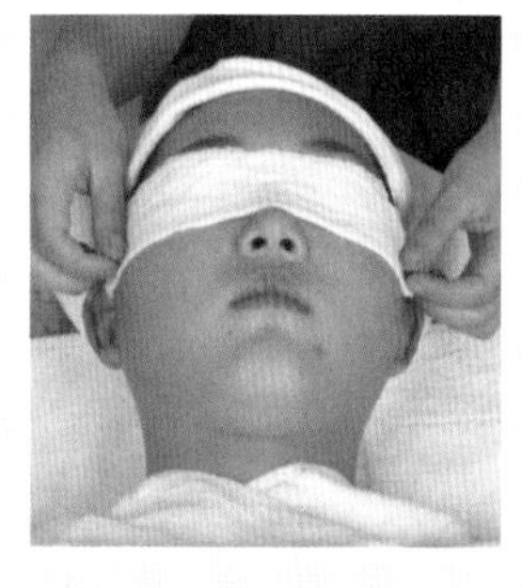
图1-1-3　眼部热敷

- **操作示范**　图1-1-3　眼部热敷
- **操作方法**　用温热毛巾热敷眼部皮肤。
- **操作要点**　湿毛巾的温度在45℃左右即可。
- **注意事项**　热敷时间为4～6分钟。

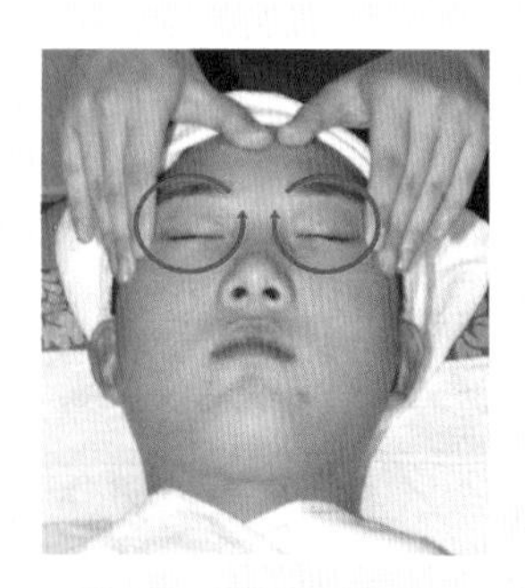
图1-1-4　眼部按摩

- **操作示范**　图1-1-4　眼部按摩
- **操作方法**　选择眼部啫喱或活性细胞精华素，进行眼部按摩系列操作动作，详见“眼部按摩步骤与按摩方法”。
- **操作要点**　动作轻柔，点穴准确。
- **注意事项**　不要碰到顾客的眼球，切忌将按摩用品流入顾客的眼中。

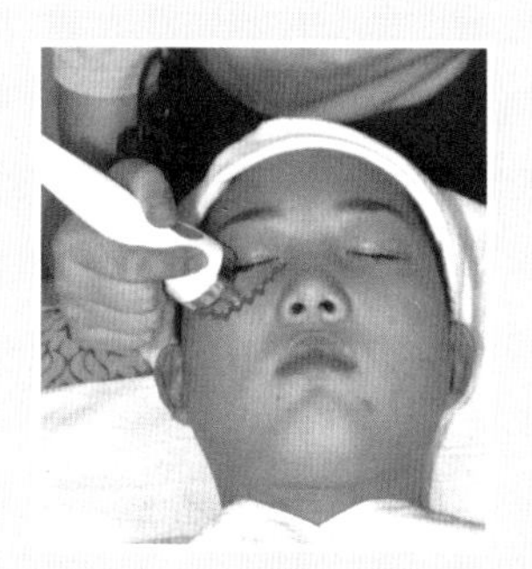

图1-1-5 精华素导入

- **操作示范** 图1-1-5 精华素导入
- **操作方法** 选用超声波美容仪或电子按摩仪进行护理。
- **操作要点** 仪器调频适中。
- **注意事项** 眼球部位不做护理，眼睛周围护理时间为10～15分钟。

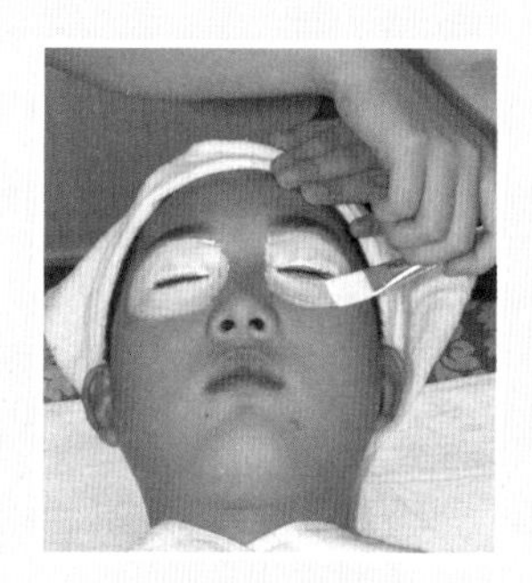

图1-1-6 敷眼膜

- **操作示范** 图1-1-6 敷眼膜
- **操作方法** 根据眼部皮肤状况，选择相应的眼膜或成品眼膜。
- **操作要点** 敷涂均匀，厚薄适中。
- **注意事项** 眼周没有压迫感，敷膜时间为10～15分钟。

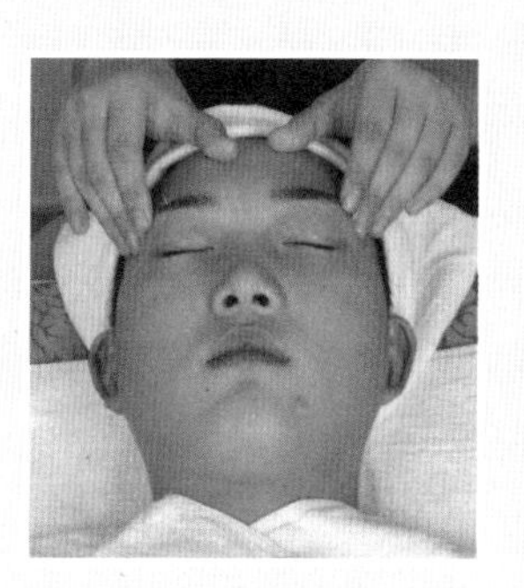

图1-1-7 护理后滋养

- **操作示范** 图1-1-7 护理后滋养
- **操作方法** 取适量眼霜涂于眼部皮肤。
- **操作要点** 环绕眼周眼轮匝肌打圈，动作轻柔。
- **注意事项** 切忌将眼霜涂入顾客眼中。

眼部护理基本程序中的“眼部按摩”环节，可以加速眼周血液循环，加快皮肤的新陈代谢，增强细胞活性，帮助眼部皮肤的淋巴液回流，消除眼部肿胀，延缓衰老。

在具体操作中，应根据顾客眼部状况的不同，以下面“眼部按摩步骤与按摩方法”为依据，在动作和次数上有选择地进行操作。例如，黑眼圈较明显的顾客多做点穴，眼纹明显的顾客多做眼尾皮肤提升。

眼部按摩步骤与按摩方法

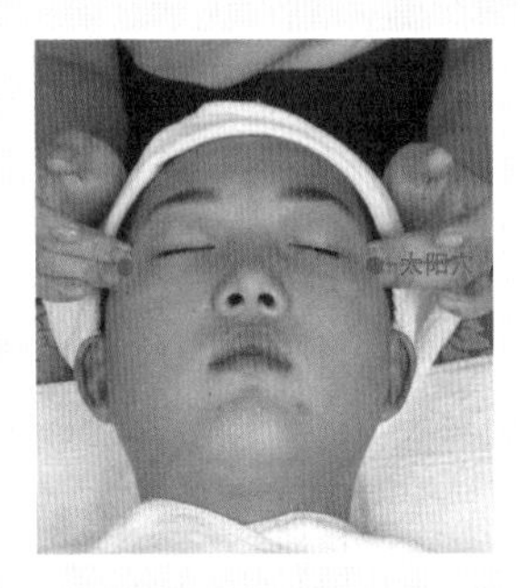

图1-1-8　准备动作

- **按摩步骤**　图1-1-8　准备动作
- **按摩手法**　将双手“美容指”放于太阳穴做准备。

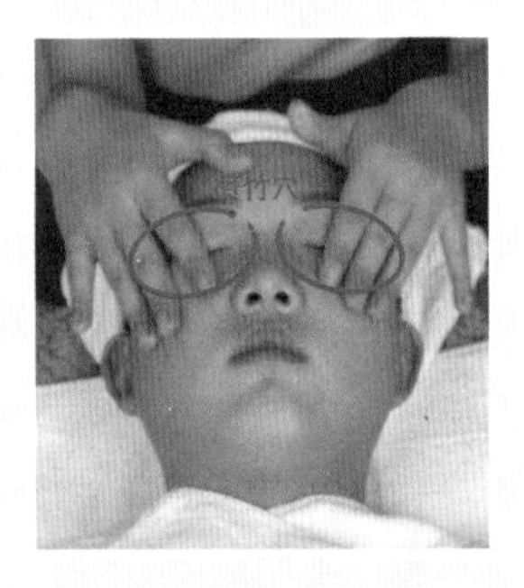
图1-1-9　大安抚

- **按摩步骤**　图1-1-9　大安抚
- **按摩手法**　在眼周绕大眼圈，安抚眼部，手法要服帖。

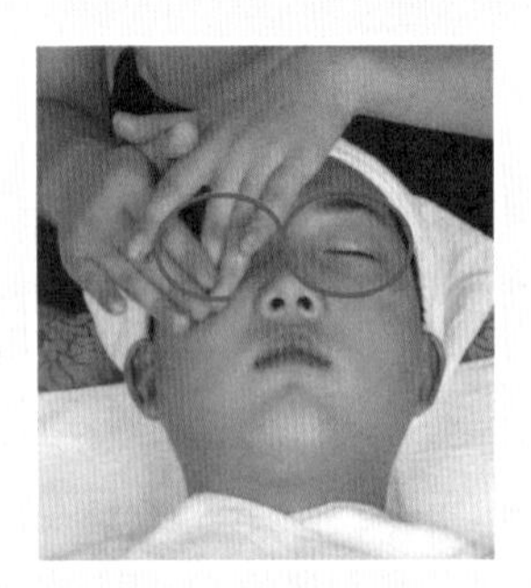
图1-1-10　“8”字按摩

- **按摩步骤**　图1-1-10　“8”字按摩
- **按摩手法**　双手重叠，先于眼部做大“8”字交叉按摩，后停于太阳穴，做小“8”字打圈按摩。

  按摩到两眼外眼角时，将皮肤用力向上提。

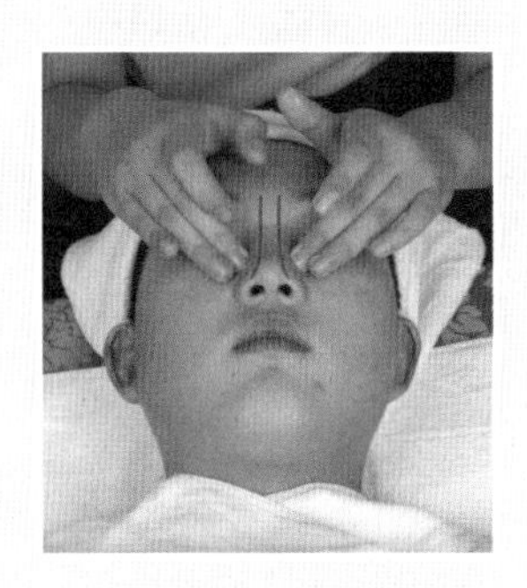

图1-1-11 按压"T"字部位

按摩步骤 图1-1-11 按压"T"字部位

按摩手法 "美容指"由眉尾丝竹空穴、鱼腰穴、眉头攒竹穴、鼻通穴、迎香穴点按后，沿鼻梁向上滑至睛明穴，过印堂穴后，双手"美容指"分别拉抹眉骨至太阳穴。

在太阳穴处，以小"8"字打圈的形式稍做停顿。

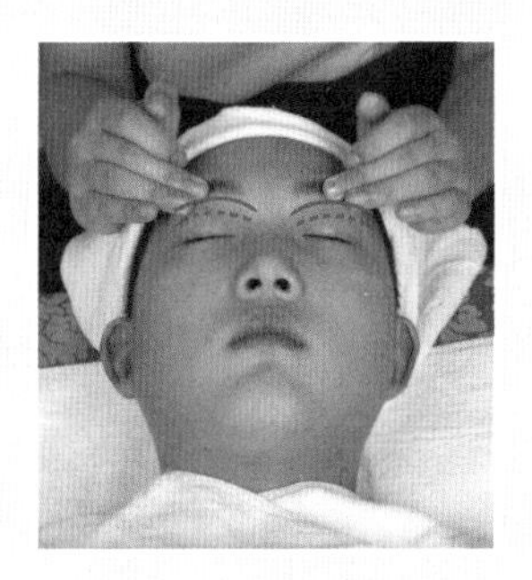

图1-1-12 点按眼眶

按摩步骤 图1-1-12 点按眼眶

按摩手法 无名指在上睑处以"点一推"的形式，分六点点穴按摩。由外眼角向内眼角推至睛明穴后，再以"拉一放"的形式，分六点点穴按摩回到太阳穴，于太阳穴处打小"8"字按摩。

下眼睑使用同样方法操作。

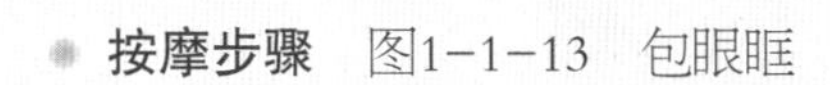

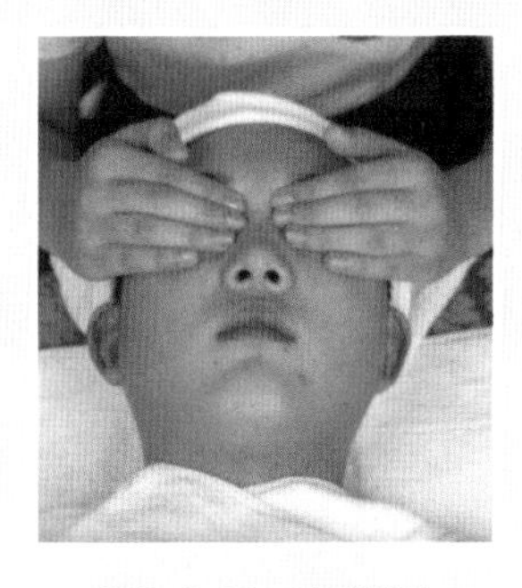

图1-1-13 包眼眶

按摩步骤 图1-1-13 包眼眶

按摩手法 双手食指、中指、无名指置于攒竹穴、睛明穴等内眼角处按压并停留3秒。

安抚眼睛后，"美容指"从下眼眶分抹提拉至两侧的太阳穴，重复三遍。

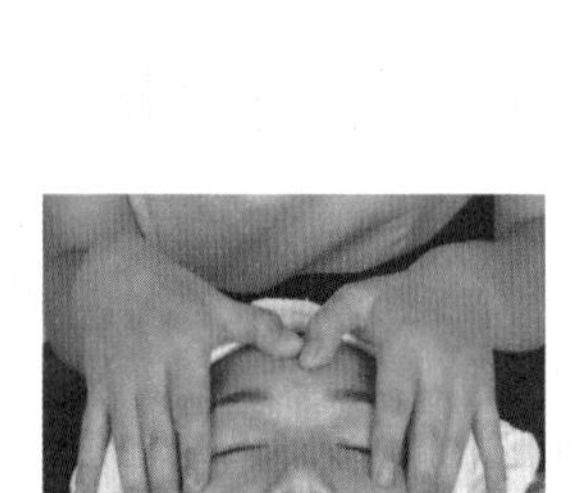

图1-1-14　绕眼圈

- **按摩步骤**　图1-1-14　绕眼圈
- **按摩手法**　“美容指”双向从下而上绕眼圈，至睛明穴处停留且按压，重复六遍。

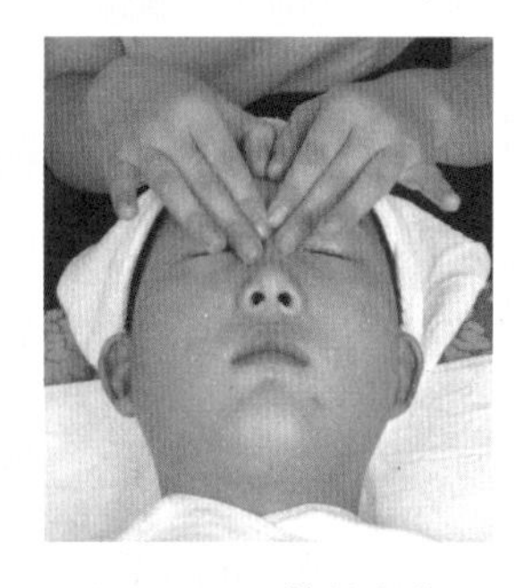

图1-1-15　拉抹印堂

- **按摩步骤**　图1-1-15　拉抹印堂
- **按摩手法**　双手“美容指”于印堂穴处交替拉抹，提拉印堂穴处皮肤。

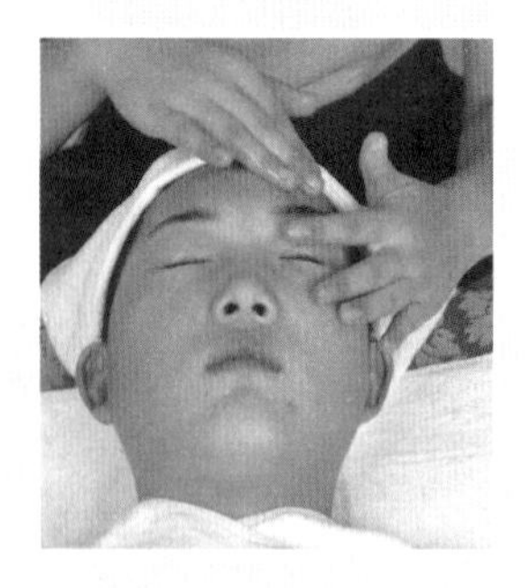

图1-1-16　“剪刀手”按摩

- **按摩步骤**　图1-1-16　“剪刀手”按摩
- **按摩手法**　以“剪刀手”手法安抚眼周皮肤，提拉外眼角，可减少鱼尾纹。

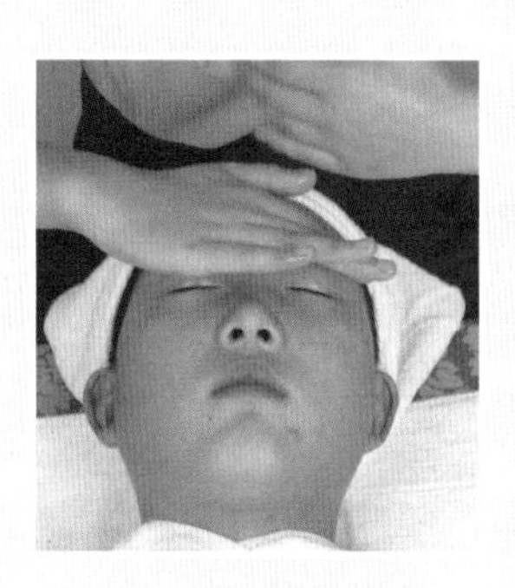

图1-1-17 双手“包额头”

按摩步骤 图1-1-17 双手“包额头”

按摩手法 双手手掌交替按压额头，轻轻按压后以手掌为轴心，手指按压下眼眶至太阳穴，停留3秒后，双手“美容指”沿面部两侧面颊、胸锁乳突、淋巴行进线至腋下，按压，甩手。

重点突破

认识眼部结构

眼部皮肤是人体皮肤中最薄的。眼部皮肤只有面部皮肤约四分之一的厚度，因此更容易受到外界的伤害。眼部皮肤几乎没有皮脂腺与汗腺分布，因此眼部皮肤没有天然的滋润能力，水分保存不易，皮肤非常容易干燥。我们每天眨眼上万次，容易造成眼部皮肤的松弛，使眼部皮肤失去弹性。而现代人长期面对电脑，更容易造成眼部皮肤松弛，没有弹性。眼部结构如图1-1-18所示。

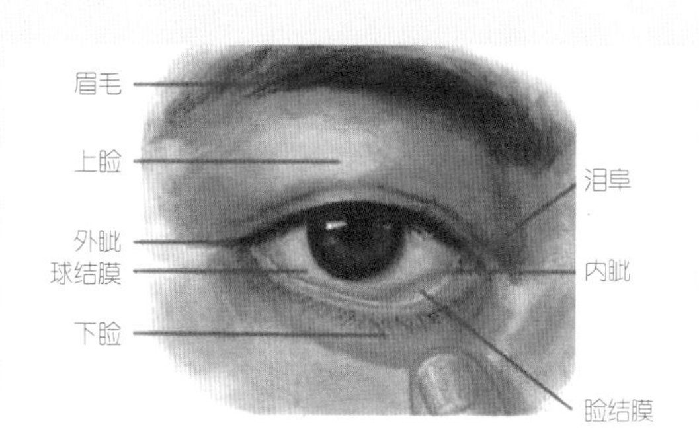

图1-1-18

注意事项

居家眼部护理及注意事项

①眼部皮肤是人体皮肤中最薄的，在化妆或卸妆时，一定要养成习惯，动作轻柔，切忌用力拉扯皮肤。

②画下眼线时，以不拉动眼皮为原则。简便方法：可以用干粉扑轻按在脸上来稳定手位。

③洗脸时，忌用粗糙的毛巾，一般每个月换一条毛巾。

④戴隐形眼镜时，不要下拉眼皮，如果想方便地佩戴镜片，可轻轻拉高眼皮。

⑤不要养成拉眼睛、眯眼睛、频繁眨眼睛等坏习惯，光线较强时，可以戴上太阳镜。

⑥切忌过度减肥、节食，以致出现营养不良或体重突然下降的现象，因为脂肪量迅速改变会影响皮肤的弹性。

⑦每天清晨要多喝水，睡前少喝。

⑧早晚使用眼霜，早上用紧肤效用的眼霜，晚上用补水的滋润型眼霜。

⑨眼部卸妆应用专业卸妆液。

⑩保证充足睡眠，提高睡眠质量。

⑪经常按摩眼睑，促进血液循环。

⑫多吃富含维生素A、B族维生素的食品，如胡萝卜、马铃薯、豆制品和动物的肝脏等。

⑬注意睡眠姿势，避免长期朝一个方向侧卧，更不要将脸埋在枕头里，否则，眼睛周围很容易挤出皱纹。

二、眼部皮肤的常见问题及护理

眼睛特殊的生理结构，很容易导致眼部出现浮肿、黑眼圈、脂肪粒等现象。

1. 眼袋

眼袋（见图1-1-19）又名睑袋，是由下睑部皮肤、眼轮匝肌松弛，眶隔脂肪经薄弱的眼眶隔膜向外膨出下垂所致，表现为下睑皮肤松垂、隆起，给人以衰老、精神不振的感觉。

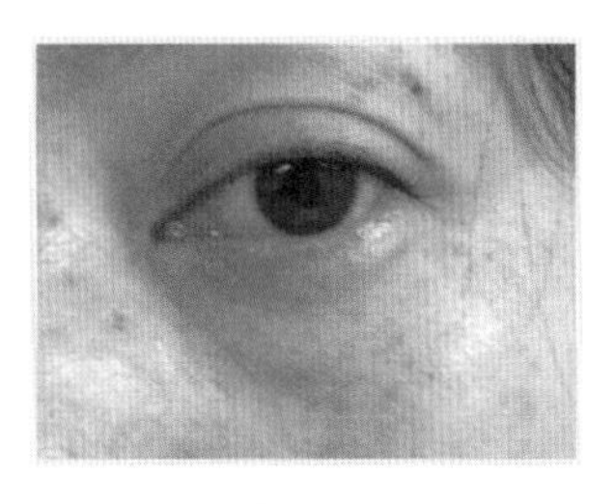

图1-1-19

眼袋是面部衰老的重要标志之一。由于睡眠、工作、遗传等因素，眼袋已不再局限于中老年人，年轻人也普遍有眼袋。

根据眼袋的成因和表现不同，将眼袋分为以下几种类型。

皮肤松弛型：主要表现为皮肤松弛，皱纹增多，常伴有眼轮匝肌松弛。

眶隔脂肪膨出型：主要表现为眶隔脂肪向外膨出。随年龄增长，眼袋越明显。

眼轮匝肌肥厚型：多见于年轻人。

相关链接

医学美容去眼袋

图1-1-20

通常，眼袋的形成是皮肤老化的一种表现。眼袋的出现一般说明人开始进入中老年了。眼袋出现的年龄不尽相同，与每个人的生活环境、习惯、营养、休息情况、职业、遗传等多种因素有关。

眼袋一旦形成，较好的解决办法就是手术治疗。到目前为止，尚没有一种有效的非手术方法来消除眼袋，所做的一些辅助治疗如皮肤保养、面部按摩等方法只能是减缓眼袋的加重，而对消除眼袋几乎没有什么效果。通过手术，眼睑平整，无皱纹，皮肤光泽，而且一般也不会有手术痕迹，少数病人早期会有切口发红，轻度疤痕增生，一般1～3个月即可消失。

暂时性眼袋护理方案

护理目的：通过按摩、眼袋冲击机、面膜等方式，对眼部皮肤进行护理，达到促进血液循环、排除多余体液、减少脂肪堆积、增加皮肤弹性等目的。

序号	步骤	产　品	工具、仪器	操　作　说　明
1	消毒	70%的酒精	棉片	消毒将要使用的工具、器皿和产品封口处
2	卸妆	眼部卸妆液	棉片、棉签	动作轻柔、幅度宜小，勿将产品弄进顾客的眼睛，棉片、棉签一次性使用

续表

序号	步骤	产 品	工具、仪器	操 作 说 明
3	清洁	保湿洁面乳	洗面海绵、一次性洗面巾、小脸盆	动作轻快，1分钟内完成
4	爽肤	双重保湿水	棉片	用棉片蘸保湿水轻拍面部，辅之以点弹的方式促进吸收
5	观察		肉眼或相关仪器	看清眼部皮肤问题，使操作有的放矢
6	热敷		热毛巾	用热毛巾时，温度应适宜
7	仪器	眼霜或眼部用减肥霜	眼袋冲击机	每只眼睛使用5分钟，配合产品起到促进血液和淋巴液循环、减少脂肪堆积、增强皮肤弹性的作用
8	按摩	眼霜或眼部用减肥霜	徒手	以按压法、叩抚法为主，排除多余体液，收紧皮肤
9	眼膜	眼膜或眼部精华素	眼膜刷、眼膜垫或纱布、小碗等	在眼膜或眼部精华素上，盖上眼膜垫或纱布，促进其吸收，时间10～15分钟
10	眼霜	眼霜	徒手	取适量点涂于眼周

居家按摩小贴士：

①用中指和无名指蘸取一点眼霜，然后以眼角为起点，从中间开始往外侧画圈。注意眼睑处的皮肤是很薄的，且容易生皱纹，所以轻轻地往一个方向按摩是很关键的。（见图1-1-21）

②用中指和无名指按住太阳穴，然后用力地以画圈的方式按摩。用力地按摩太阳穴有利于快速恢复眼睛的清澈明亮。对于经常用眼的人来说，可以有效地去除疲劳。（见图1-1-22）

③下巴朝下，将中指和无名指的指肚儿放在眉骨下，再迅速地将眼皮往上拉。（见图1-1-23）

④闭上眼睛，用拇指以外的四根手指按住眼睛，然后以波浪式按揉眼球。以适度的力道按揉眼睛的话，可以很快有效地解除眼睛疲劳。当然眼球会感到一点点的酸痛，这是正常的。（见图1-1-24）

图1-1-21

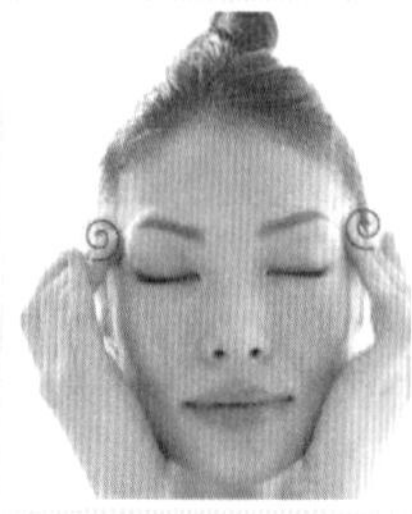

图1-1-22

图1-1-23

图1-1-24

2. 黑眼圈

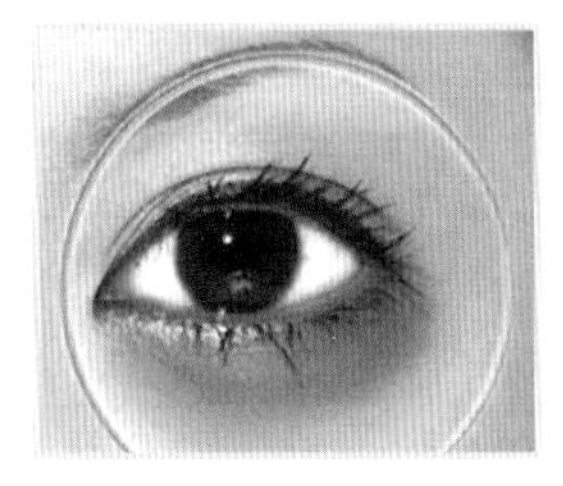
图1-1-25

黑眼圈（见图1-1-25）是由经常熬夜，情绪不稳定，眼部疲劳、衰老，静脉血管血流速度过于缓慢，眼部皮肤红细胞供氧不足，静脉血管中二氧化碳及代谢废物积累过多，形成慢性缺氧，血液较暗并形成滞流以及眼部色素沉着造成的。

黑眼圈有两种颜色，一种是青色黑眼圈，这是因为毛细血管的静脉血液滞留；另一种是茶色黑眼圈，因为黑色素生成与代谢不全。两种黑眼圈的病因完全不同。

青色黑眼圈通常发生在20岁左右，生活作息不正常的人尤难避免，这是毛细血管内血液流速缓慢，血液量增多而氧气消耗量提高，缺氧血红素大增的结果，从外表看来，皮肤就出现暗蓝色调。由于眼睛周围较多毛细血管，因此睡眠不足、眼睛疲劳、压力、贫血等因素，都会造成眼周肌肤瘀血及浮肿现象。

茶色黑眼圈的病因则和年龄增长息息相关，长期日晒造成色素沉淀在眼周，久而久之就会形成挥之不去的黑眼圈；另外，血液滞留造成的黑色素代谢迟缓，或肌肤过度干燥，也都会导致茶色黑眼圈的形成。

黑眼圈是一些慢性疾病的外在表现，有了黑眼圈整个人看起来很疲倦没精神，所以，很多人想要去掉黑眼圈。

黑眼圈护理方案

护理目的：通过热敷、按摩、超声波美容仪导入、敷眼膜等手段进行眼部护理，达到改善血液循环，减少瘀血滞留，增加毛细血管弹性，减轻黑眼圈症状的目的。
黑眼圈的成因多与身体状况有关，如是身体疾病导致眼袋、黑眼圈，应就医治疗，病愈症除，仅靠美容院治疗，收效甚微。

序号	步骤	产　品	工具、仪器	操　作　说　明
1	消毒	70%的酒精	棉片	消毒将要使用的工具、器皿和产品封口处
2	卸妆	眼部卸妆液	棉片、棉签	动作轻柔、幅度宜小，勿将产品弄进顾客的眼睛，棉片、棉签一次性使用
3	清洁	保湿洁面乳	洗面海绵、一次性洗面巾、小脸盆	动作轻快，1分钟内完成
4	爽肤	双重保湿水	棉片	用棉片蘸保湿水轻拍面部，辅之以点弹的方式促进吸收

续表

序号	步骤	产 品	工具、仪器	操 作 说 明
5	观察		肉眼或相关仪器	看清眼部皮肤问题，使操作有的放矢
6	热敷		热毛巾	用热毛巾时，温度应适宜
7	仪器	眼霜或眼部用减肥霜	超声波美容仪	可选择连续波或间断波，频率适中，每只眼睛 5 分钟，禁止碰触眼球。目的是帮助产品吸收，促进局部血液循环，使皮下组织充满活力
8	按摩	眼霜或眼部用减肥霜	徒手	以按压打圈的手法为主，促进血液循环，重点是对眼部穴位的按压，起到活血化瘀的作用
9	眼膜	眼膜或眼部精华素	眼膜刷、眼膜垫或纱布、小碗等	在眼膜或眼部精华素上，盖上眼膜垫或纱布，促进其吸收，时间10~15分钟
10	眼霜	眼霜	徒手	取适量点涂于眼周，可加适量眼部防晒霜

居家按摩小贴士：

黑眼圈和眼部浮肿是困扰很多人的问题，快速的生活节奏，使得现在的人都很难保证充足的睡眠，黑眼圈、眼袋等问题也都随之出现。工作压力大、生活不规律导致眼部问题很难根治。下面教你攻克黑眼圈4步按摩法，轻松摆脱“熊猫眼”。

①无名指按图1-1-26中箭头所示方向轻点。

②按照图1-1-27中箭头所示方向按摩。

③按照图1-1-28所示，轻抹下睑。

④按照图1-1-29所示，用指腹轻轻按压眉心。

图1-1-26

图1-1-27

图1-1-28

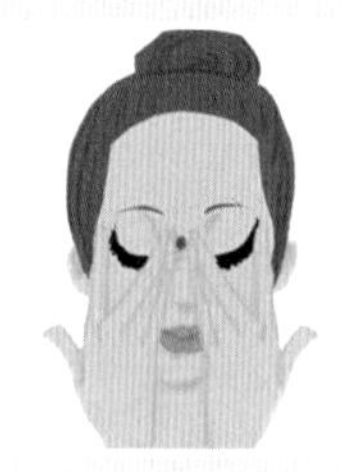

图1-1-29

图1-1-30

3. 眼纹

随着年龄的增长，皮肤老化，其保湿作用及屏障功能逐渐减弱，天然保湿因子含量减少；肌肤的生理性老化以及眼部肌肉的长期收缩、长期干燥缺水会大大加速眼纹的产生，再加上眼部周围肌肤缺乏皮脂腺，干燥便成了眼部皮肤最容易出现的问题，这也是为什么细纹最先光顾眼部。眼部细纹（见图1-1-30）是皮肤衰老很重要的体表特征。

眼纹护理方案

护理目的：通过热敷、按摩、超声波美容仪导入、敷眼膜等手段进行眼部护理，以达到改善血液循环，减少瘀血滞留，增加毛细血管弹性，减轻眼部假性皱纹的目的。

序号	步骤	产品	工具、仪器	操作说明
1	消毒	70%的酒精	棉片	消毒将要使用的工具、器皿和产品封口处
2	卸妆	眼部卸妆液	棉片、棉签	动作轻柔、幅度宜小，勿将产品弄进顾客的眼睛，棉片、棉签一次性使用
3	清洁	保湿洁面乳	洗面海绵、一次性洗面巾、小脸盆	动作轻快，在1分钟内完成
4	爽肤	双重保湿水	棉片	用棉片蘸保湿水轻拍面部，辅之以点弹的方式促进吸收
5	观察		肉眼或相关仪器	看清眼部皱纹的部位及程度，使操作有的放矢
6	热敷		热毛巾	用热毛巾敷盖时，温度应适宜
7	仪器护理	眼霜	超声波美容仪	可选择连续波或间断波，频率适中，每只眼睛5分钟，禁止碰触眼球。目的是帮助产品吸收，促进局部血液循环，使皮下组织充满活力
8	按摩	眼霜或眼部用减肥霜	徒手	动作轻柔、点穴正确，通过对眼部穴位的按压，促进血液循环，起到滋润、除皱的作用
9	眼膜	眼膜或眼部精华素	眼膜刷、眼膜垫或纱布、小碗等	眼膜应敷涂均匀，厚薄适中。在眼膜或眼部精华素上，盖上眼膜垫或纱布，促进其吸收，时间10～15分钟
10	眼霜	眼霜	徒手	取适量点涂于眼周，切忌将眼霜涂入顾客眼中，另外，可加适量眼部防晒霜

居家按摩小贴士：

疲惫的双眸会让整个人看上去都没精神，皱纹也开始滋长蔓延，适当的时候也给眼睛减减压吧！去眼部皱纹按摩方法简单实用，一起来学学这个护理手法吧！

去眼部皱纹方法很简单，只需要几步按摩护理手法。

步骤一：将左手食指横放眼袋上，用右手食指拍打它，从眼角开始至眼尾处。每做完一次休息几秒钟，然后再做第二次。（见图1–1–31）

步骤二：用食指和中指轻按眼眶，由眼角按至眼尾后，再由眼尾按至眼角。这样有助于眼周血液流畅地循环，舒缓眼部。（见图1–1–32）

步骤三：下颌内收，将中指和无名指的指腹放在眉骨下，再迅速将眼皮往上拉。（见图1–1–33）

步骤四：闭眼，用四根手指按住眼睛，然后以波浪式按揉。以适度的力道按揉眼睛，可缓解眼睛疲劳。（见图1–1–34）

步骤五：双手握拳放置眉上，从眉头向眉毛末端进行螺旋式按摩，按摩5次来舒缓眉头。（见图1–1–35）

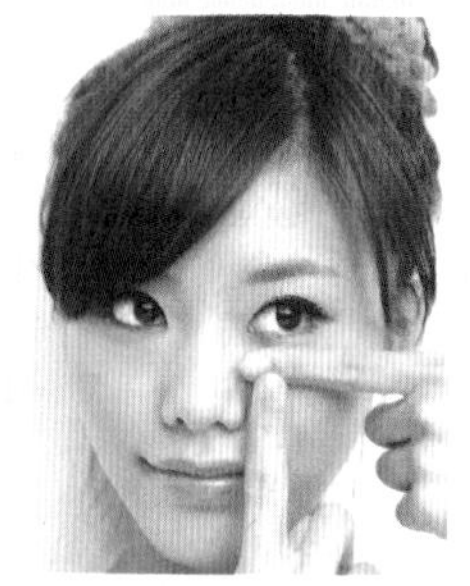

图1–1–31

图1–1–32

图1–1–33

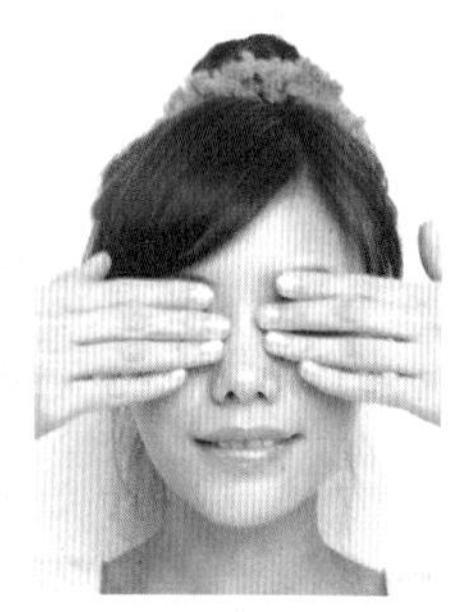

图1–1–34

图1–1–35

4. 脂肪粒

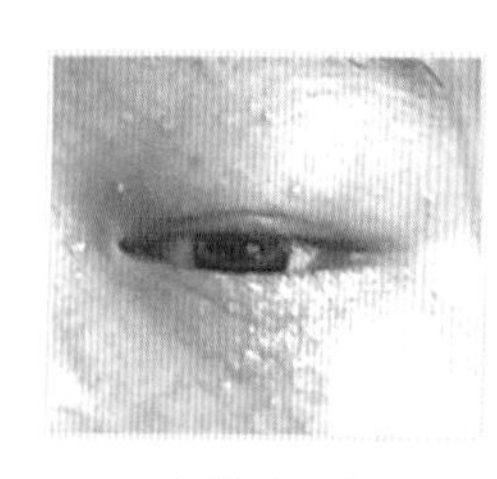

图1–1–36

脂肪粒（见图1–1–36）是一种长在皮肤上的白色小疙瘩，约针头般大小，看起来像是一个小白芝麻，一般长在脸上，特别是眼周。

脂肪粒的起因可能是皮肤上有微小伤口，而在皮肤自行修复的过程中，生成了一个白色小囊肿；也有可能是由于皮脂被角质覆盖，不能正常排至表皮，从而堆积在皮肤内形成白色颗粒。

要消除脂肪粒，平时应该注意眼部的清洁，适当增加去角质的次数，以保证皮肤正常的排泄和吸收。

眼部脂肪粒护理方案

护理目的：通过去角质清洁、按摩、针清、敷眼膜等手段进行眼部护理，达到柔化眼皮表面角质层，促进皮肤新陈代谢，减轻脂肪粒症状的目的。

序号	步骤	产品	工具、仪器	操作说明
1	消毒	70%的酒精	棉片	消毒将要使用的工具、器皿和产品封口处
2	卸妆	眼部卸妆液	棉片、棉签	动作轻柔、幅度宜小，勿将产品弄进顾客的眼睛里，棉片、棉签一次性使用
3	清洁	洁面乳	洗面海绵、一次性洗面巾、小脸盆	动作轻快，1分钟内完成
4	爽肤	爽肤水	棉片	用棉片蘸爽肤水轻拍面部，辅之以点弹的方式促进吸收
5	观察		肉眼或相关仪器	看清眼部皮肤问题，使操作有的放矢
6	热敷		热毛巾	用热毛巾时，温度应适宜
7	去角质	去角质啫喱		使用轻轻打圈的方式
8	仪器		阴阳电离子仪	每只眼睛3～5分钟
9	按摩	眼霜或眼部用减肥霜	徒手	视皮肤性质，做适度按摩
10	针清	酒精、棉球	暗疮针	防止不慎将酒精溅入顾客眼中，暗疮针只能挑破表皮层
11	仪器	酒精棉球、消炎药膏	高频电疗仪	做电疗时，同一部位不可停留过久。选择点状电疗棒，在创面上采用点触的方式
12	眼膜	天然植物软膜	眼膜刷、眼膜垫或纱布、小碗等	补充皮肤养分
13	眼霜	眼霜	徒手	取适量点涂于眼周

任务评价

同学们两人一组，进行眼部护理的专项训练，并按照下表进行评比。

	评价标准	分值	得分			
			学生自评	组间互评	教师评分	总分
1	眼部护理步骤完整	60				
2	力度适中	10				
3	手法服帖	10				
4	手势优美	10				
5	节奏与速度和谐	10				

注：建议训练时同学自由组合，考核时同学随机组合。

课后思考

一、判断题（下列判断正确的请打“√”，错误的打“×”）

1. 眼部主要损美问题有眼袋、黑眼圈、皱纹。此外，还有脂肪粒、浮肿等。（　　）

2. 眼部皮肤是全身最薄的部位之一。（　　）

3. 茶色黑眼圈，是由毛细血管的静脉血液滞留形成的。（　　）

4. 在按摩到两眼外眼角时，切忌将此处皮肤向上提拉。（　　）

5. 做眼部按摩时，对按摩膏没有特殊要求。（　　）

6. 眼袋一旦形成，较好的解决办法就是手术治疗。（　　）

二、单项选择题（下列每题的选项中，只有一个是正确的，请将其代号填在横线空白处）

1. 眼周皮肤上的白色小疙瘩，约针头般大小，看起来很像是一个小白芝麻，称为________。

A. 黑眼圈　　B. 脂肪粒

C. 眼袋　　D. 水肿

2. 看清眼部皮肤问题，使操作有的放矢，这一步骤称为________。

A. 清洁　　B. 爽肤

C. 观察　　D. 按摩

3. 眼轮匝肌肥厚型眼袋，多见于 ________。

A. 年轻人　　B. 中年人

C. 老年人　　D. 婴幼儿

4. 使用超声波美容仪护理眼部皮肤时，每只眼睛控制在 ________ 左右。

A. 5分钟　　B. 10分钟

C. 15分钟　　D. 20分钟

5. 洗脸时，忌用粗糙的毛巾，建议一般 ________ 换一条毛巾。

A. 一整年　　B. 一季度

C. 一个月　　D. 一星期

三、填图题

在图1-1-37中填上专业术语：上睑、下睑、睫毛、外眦、内眦、泪点、灰线。

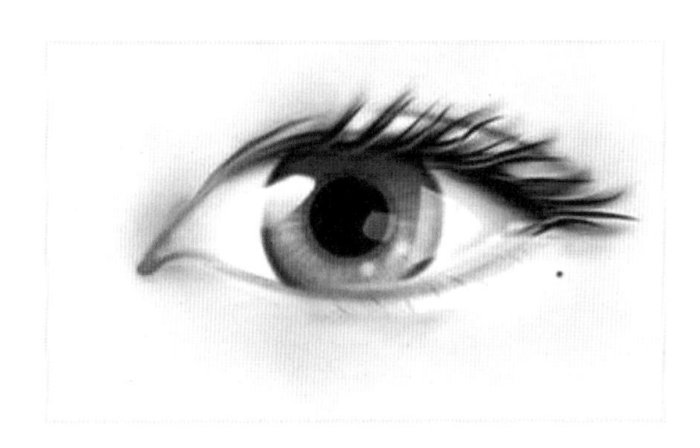

图1-1-37

四、看图说话题

1. 说出图1-1-38中，与眼部按摩有关的十个穴位，其归经及取穴位置。

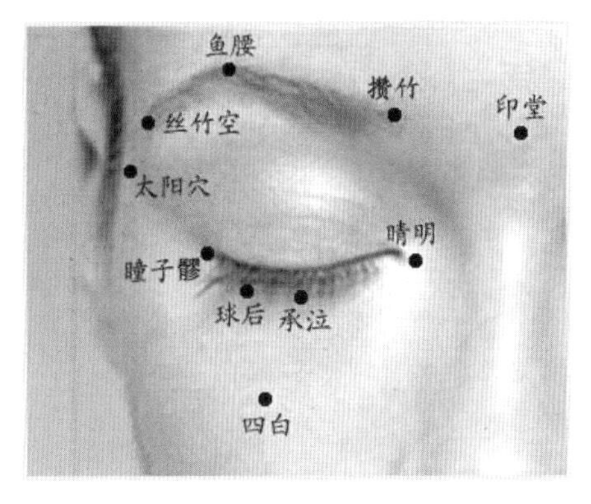

图1-1-38

2. 看图1-1-39，请选择一种眼部常见损美情况，说说护理步骤。

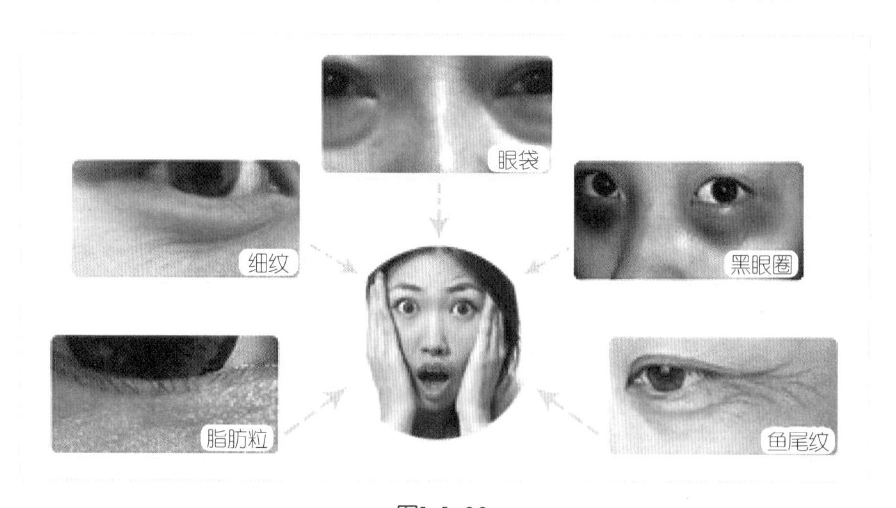

图1-1-39

任务二　唇部皮肤专业护理

除了眼部，最容易给人留下美好印象的便是唇上的光彩。可以将保养功夫细致到唇部的人，毫无疑问也是最懂得珍爱自己的人。但是，人们通常以为只要涂上润唇膏就能令嘴唇得到足够的保护，但事实上嘴唇的护理应该是全面的，因为双唇对抗环境侵扰的能力非常弱，唇部皮肤是非常容易衰老的，可偏偏对脸部护理从不敢掉以轻心的人们，却不知嘴唇也需要精心呵护，以致嘴唇出现干枯甚至脱皮的现象，失去往日的光彩。

美容院唇部护理是指美容师通过一定的美容护理手段，保养顾客的唇部皮肤，使其保持红润健康的良好状态。

一、唇部皮肤的护理程序

唇部皮肤专业护理程序包括下面五个步骤，让我们一起来做一做、学一学！

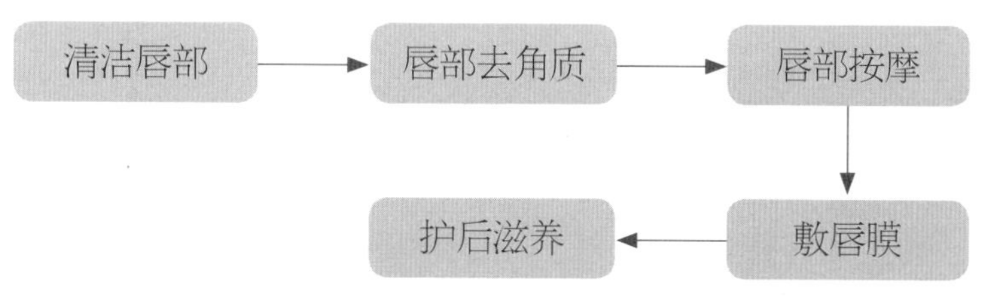

唇部护理基本程序

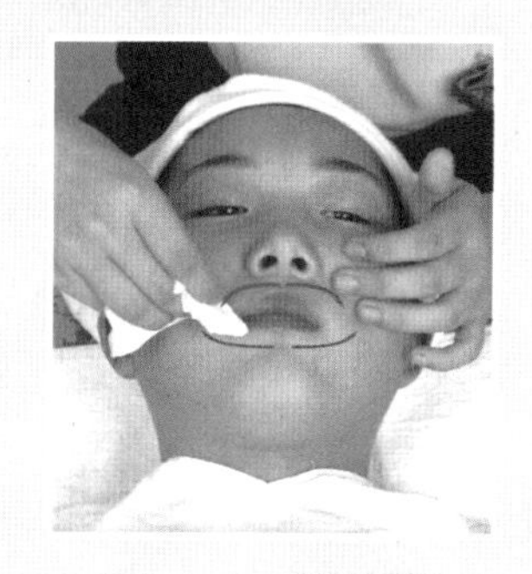

图1-2-1　清洁唇部

- **操作示范**　图1-2-1　清洁唇部
- **操作方法**　用充分蘸湿卸唇液的清洁棉轻轻按压在双唇上5秒，再将双唇分为4个区，从唇角往中间轻拭。
- **注意事项**　唇部肌肤比较敏感，所以尽量选择性质温和的卸妆液。

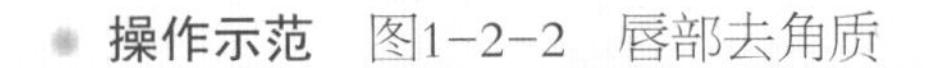

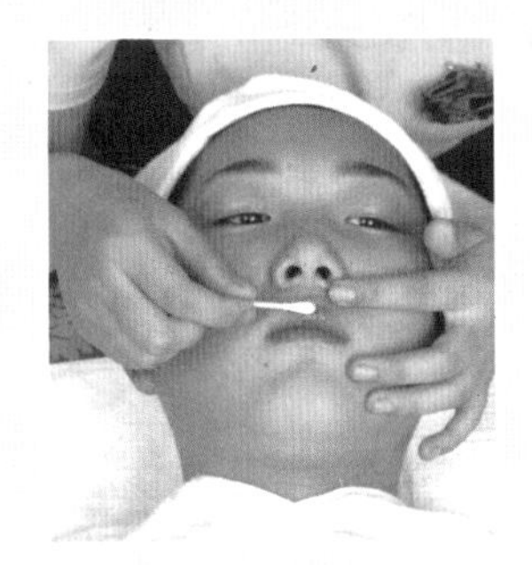

图1-2-2　唇部去角质

- **操作示范**　图1-2-2　唇部去角质

- **操作方法**　用棉签把去角质液（霜）薄而均匀地涂在上下嘴唇上，用棉片轻轻擦去。

- **注意事项**　唇部专用去角质的产品一般都含有清凉的薄荷成分，在让双唇平滑滋润的同时，还具有修护和镇定的作用。

  每周一次即可。受损嘴唇不宜做。

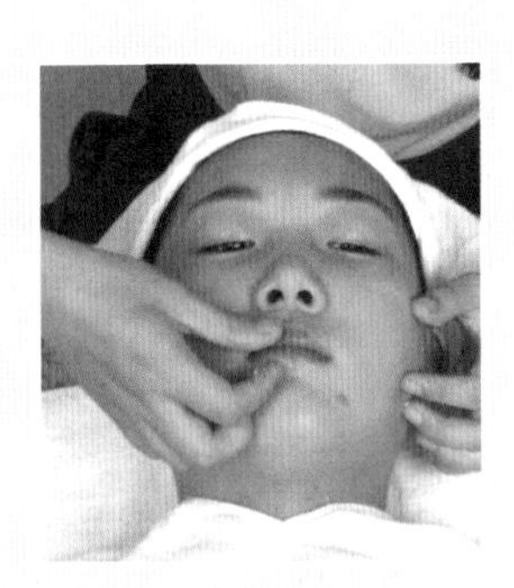

图1-2-3　唇部按摩

- **操作示范**　图1-2-3　唇部按摩

- **操作方法**　用大拇指和食指捏住上唇，大拇指不动，食指以画圈的方式来按摩上唇；再用大拇指和食指捏住下唇，食指不动，轻轻转动大拇指按摩下唇。然后，按照相反方向按摩上下唇，如此反复几次。最后，用手指轻拍嘴角部位。

- **注意事项**　动作要轻柔，选用专业唇部营养液。

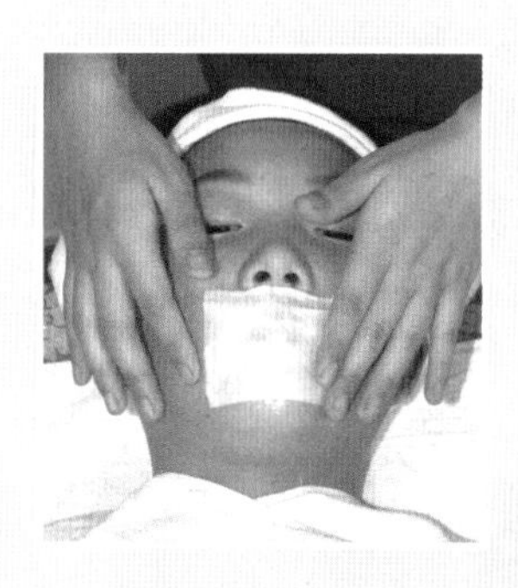

图1-2-4　敷唇膜

- **操作示范**　图1-2-4　敷唇膜
- **操作方法**　敷唇膜后，盖上保鲜膜，然后在保鲜膜上盖上热毛巾。敷大约10分钟。
- **注意事项**　冬季选用蜡膜，可针对干裂受损嘴唇；夏季选用软膜或免水洗营养膜。平时家居护理可选用滋润唇膜，每周1～2次。

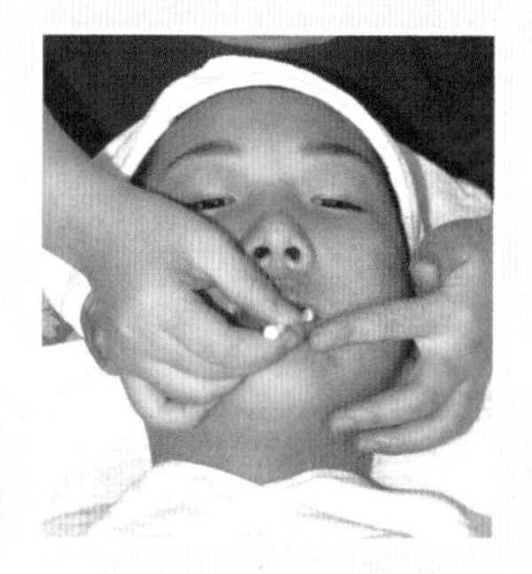

图1-2-5　护后滋养

- **操作示范**　图1-2-5　护后滋养
- **操作方法**　揭去唇膜，用温水洗净唇部，用棉签将营养油或精华素均匀地抹于唇部。
- **注意事项**　选用营养油或精华素滋润唇部。

重点突破

认识唇部结构

唇上的皮肤原本就很脆弱，加上一直裸露在外，所以很容易受环境的侵害而变得没有生气。由于不存在可以分泌出油脂的皮脂腺，所以唇部缺乏一层天然的保护膜，极容易失去水分而干燥脱皮。随着年龄增长，唇部肌肤角质层中的胶原蛋白数量也会不断减少，弹性变小，这会直接导致皮肤松弛，皱纹增多，甚至蔓延到唇线以外。唇部皮肤有如下特点。

一是易受敏感刺激。唇部皮肤是外翻黏膜组织，厚度只有身体其他部位皮肤的三分之一。它没有皮脂腺，不能依靠分泌油脂使唇部的污物自由脱落。这些决定了它需采用不一样的护理方式。

二是易老化松弛。嘴唇本身不具有黑色素，对紫外线的抵抗能力非常弱，更易因为阳光照射老化。因此嘴唇也是非常容易泄露年龄的部位。

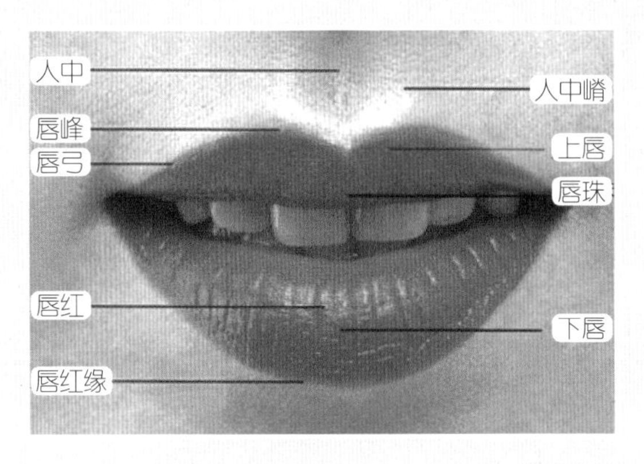

图1-2-6

二、唇部皮肤的常见问题及护理

传统东方美女强调唇红齿白。美唇的外观标准是：无痕无皱纹、水润柔软、色泽红润。然而，生活中到处可见唇部问题。

唇部皮肤的常见问题

常见问题 图1-2-7 干燥脱皮

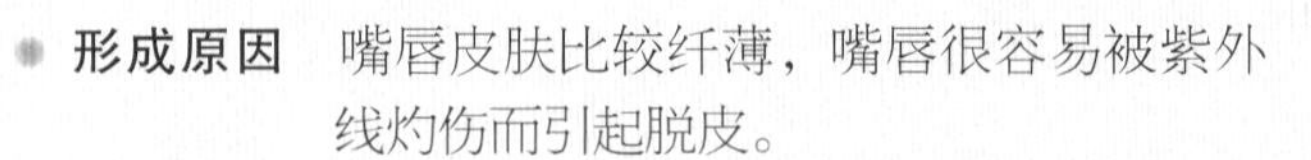

形成原因 嘴唇皮肤比较纤薄，嘴唇很容易被紫外线灼伤而引起脱皮。

日常护理 随身携带优质的润唇膏是十分必要的，含有维生素E等滋润成分的润唇膏较为理想，能随时滋润唇部防止双唇干燥脱皮。此外，长期化妆者容易出现脱皮现象，所以一个星期最好有两天不化妆，只抹润唇膏。

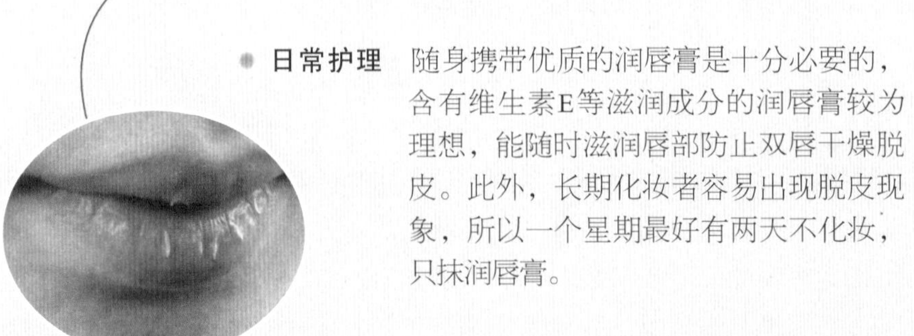

图1-2-7 干燥脱皮

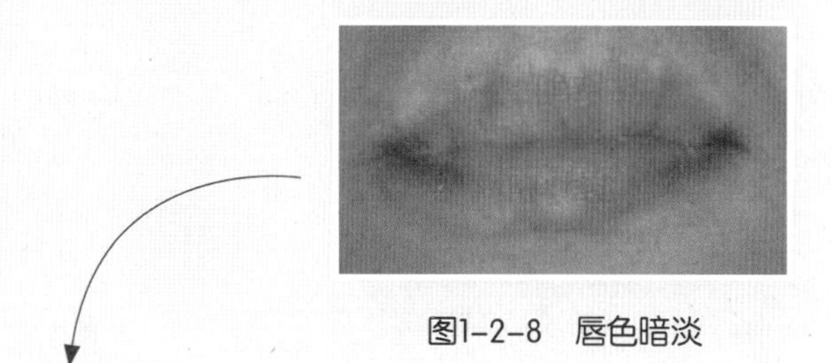
图1-2-8 唇色暗淡

- **常见问题** 图1-2-8 唇色暗淡

- **形成原因** 双唇经过阳光暴晒，容易暗淡无光。经常化妆的女士更要注意，卸妆不彻底，会导致唇色暗沉、唇部干燥，严重的还可能染上“口红病”。

- **日常护理** 注意选用具有隔离与防晒功能的唇膏，同时要多喝水，食用含丰富维生素的蔬菜和水果。唇部护理必须使用优质护唇油，最好是无色的，然后再使用口红。

- **常见问题** 图1-2-9 口唇干裂

- **形成原因** 缺水是导致唇纹出现与嘴唇干裂的主要原因。

- **日常护理** 当唇部出现干裂时，可先用热毛巾敷唇3~5分钟，再用柔软的刷子轻轻刷掉唇上的死皮，然后抹上润唇霜或护唇油。注意不要立即抹口红，否则会伤害唇部柔嫩的皮肤。

  如果唇部皮肤干裂严重，应看医生，进行唇部的医药护理。

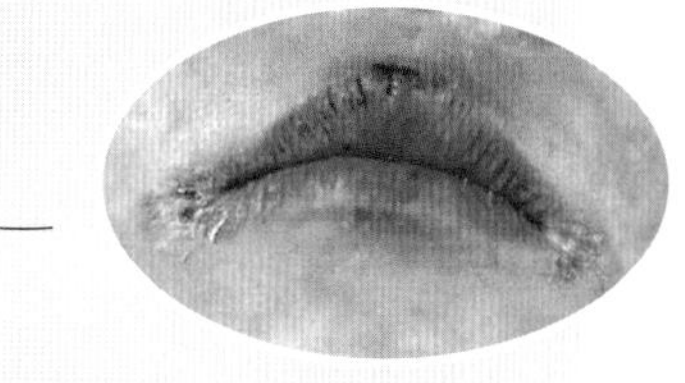
图1-2-9 口唇干裂

三、唇部皮肤的居家保养建议

动人的双唇，能在一动一静、一颦一笑间，演绎出千种妩媚、万般风情。不要以为涂唇膏是一件简单的事情，要使唇部更迷人，光凭一支唇膏是做不到的，个中的学问还不少。

唇部皮肤的居家保养建议

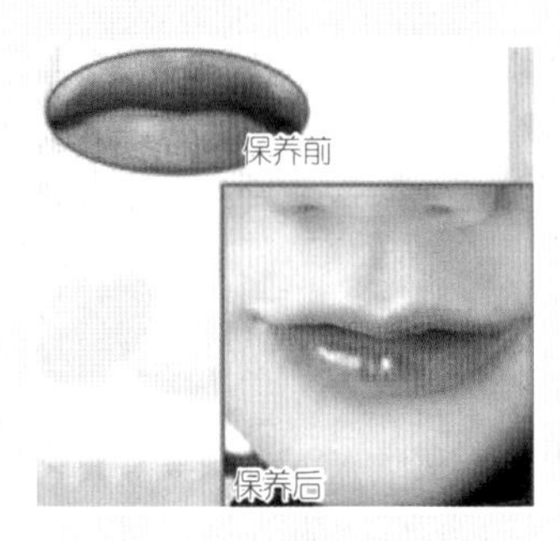

图1-2-10　唇部水润效果

- **追求的质感**　图1-2-10　唇部水润效果
- **保养的方法**　①最好的唇部保养方法就是在双唇上涂一层厚厚的护唇膏或是凡士林。

  ②在唇上贴一片唇膜或唇形的保鲜膜。

  ③在唇膜或保鲜膜上敷上热毛巾，停留10～20分钟。

  ④轻轻按摩刚热敷完的双唇，像弹钢琴一样由唇中间往外的方向轻点即可。

- **追求的质感**　图1-2-11　唇部紧致效果
- **保养的方法**　①常常练习唇周的紧实运动，嘴巴一张一合，每次都要确实张大嘴巴来做才会有效果。重复10～15次。

  ②利用拇指的力量来按压嘴角，嘴巴尽量放轻松，施力不需要太重，重点是刺激嘴角两旁的肌肉。

  ③用双手食指、中指、无名指由唇中间的位置往两侧按摩，到嘴角时按压3次，这样能够有效地缓解嘴角的紧张，放松唇部肌肉。

图1-2-11　唇部紧致效果

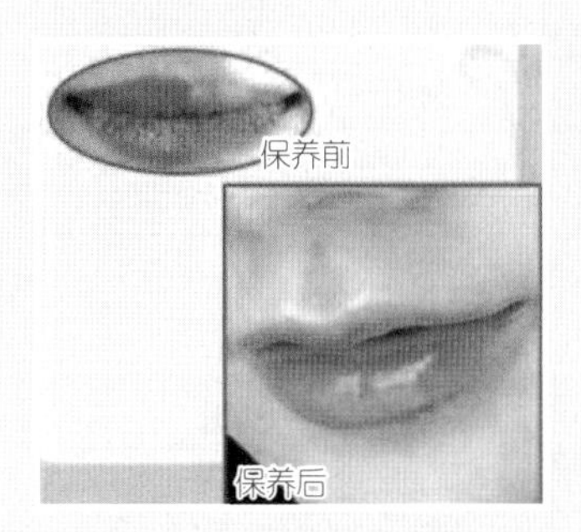

图1-2-12　唇部光泽效果

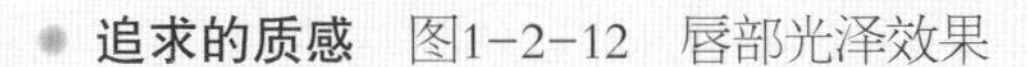

- **追求的质感**　图1-2-12　唇部光泽效果

- **保养的方法**　①使用唇部去角质产品——建议使用唇部专用的去角质产品，稍加按摩后再用面纸或化妆棉擦拭干净。

  ②擦上一层护唇膏——擦上一层薄薄的护唇膏并搭配上手指的按摩动作，以轻点按压的方式来按摩双唇。

  ③夜间使用专用护唇霜——在整个保养程序完成后再涂擦上一层厚厚的护唇霜来呵护唇部。

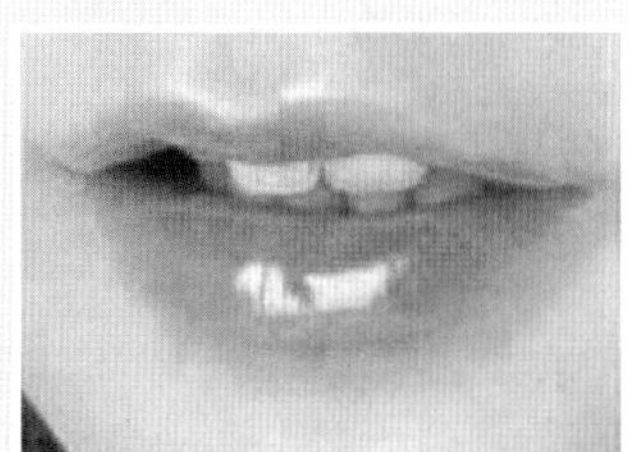
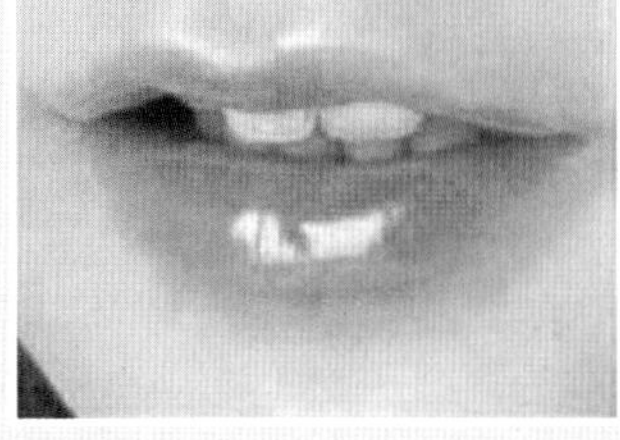

图1-2-13　唇线饱满效果

- **追求的质感**　图1-2-13　唇线饱满效果

- **保养的方法**　①先用和唇膏同色系的唇线笔勾勒上唇轮廓（注意：只要勾勒上唇即可）。再用唇膏为上下唇上色，可使上唇的颜色浅些，下唇的颜色深些。这样会使双唇呈现轮廓自然、丰满迷人的效果。

  ②用唇膏为双唇上色后，以遮瑕刷轻轻勾勒唇角两侧，及下唇两侧外围，再于下唇中央重复涂抹唇膏来凸显唇部。

相关链接

破解唇部保养的六大误区

人体的嘴唇周围一圈发红的区域叫唇红缘，它的湿润全靠局部丰富的毛细血管和少量发育不全的皮脂腺来维持。由于秋季湿度小、风沙大，人体皮肤黏膜血液循环差，如果新鲜蔬菜吃得少，人体对维生素B_2、维生素A摄入量不足，嘴唇就会干燥开裂，这也就是人们所说的嘴唇干裂。嘴唇干裂历来都是秋季护肤甚至是冬季护肤的护肤难题之一。

图1-2-14

防治秋季嘴唇干裂，可以从饮食上进行调整，多吃新鲜的补水美白蔬菜，如黄豆芽、油菜、白菜、白萝卜等。懂得护唇的你，有时可能会无意识地踩了一些唇部保养误区，来看看唇部保养误区吧。

误区一：嘴唇不需要用防晒产品

唇纹形成的一大原因是干燥和老化，而紫外线绝对是让皮肤干燥和衰老的元凶之一。嘴唇的皮肤没有色素保护，颜色又比其他部位的深，所以，极容易吸收紫外线。人们在出门的时候一定要记得擦上带有防晒效果的润唇膏，在外也要随时补擦，这样才可以做到全方位防护。

建议：无论什么季节，都要选用有防晒成分的护唇膏。

误区二：护唇膏随便一支即可

廉价唇膏里含有大量未经仔细提纯的油和太多的蜡，其中一些是不稳定的动植物天然油脂，很容易氧化后发出异味；太多的蜡质，还会影响唇部皮肤的新陈代谢。过多使用不脱色唇膏，因其中含有易挥发成分，所以很容易导致嘴唇干裂；而且，大部分不脱色唇膏都不含油，滋润性比其他唇膏要低。

建议：正确选择有质量保证的护唇膏。

误区三：嘴唇去角质用强果酸产品

由于唇部只有很薄的一层角质层直接覆盖在真皮上，并且没有皮脂分泌，所以比身体其他部位的肌肤要薄得多。因此，唇部的肌肤其实是非常脆弱的，如果使用含有比较强的果酸成分的产品或者脸部的磨砂膏，就会对唇部造成直接的伤害。

建议：每周一次唇部温和去角质，在去角质前可先擦一层唇膏，用热毛巾敷一下唇部，让死皮软化，然后涂上一层唇部专用的去角质产品，轻轻地按摩唇部，接着用温水清洗干净，最后一定要涂上厚厚的护唇膏以锁住水分。

误区四：嘴唇不需要美白

这个观念已经过时，如果你选择的是温和的美白产品，一般不会造成唇部过敏。可选择含有维生素C的衍生物、洋甘菊、甘草等成分的美白产品，应该避免选择酸度比较高的产品或者浓度比较高的果酸，以免刺激唇部。

建议：先用蘸过美白化妆水的化妆棉敷在嘴唇上面，等待3～5分钟后，在角质已被软化的唇部上面，轻轻地拍上有抗过敏及抗氧化功效的美白精华。

误区五：嘴唇脱皮大胆撕掉

嘴唇脱皮后，会显得不雅观，还会影响化妆，因而，许多人就习惯“顺手”把它撕去，以求得暂时的好看。殊不知，这也是非常危险的做法，因为在撕去死皮的同时，也会连带着掀起嘴唇的皮，引起出血、红肿等问题，更加影响美观，反而得不偿失。

建议：如果起皮现象特别严重，完全可以对着镜子，找准角度，用小剪刀小心地剪掉唇上翘起的皮。

误区六：嘴唇一干就舔

舔嘴唇是许多人在感到嘴唇干燥后的第一反应，但这种做法是不对的。舔嘴唇只会给嘴唇的干燥带来片刻“缓解”，但在几秒之后，当嘴唇上唾液的水分蒸发后，嘴唇会更加干燥。同时，唾液中所含的酶也会让干燥加剧。

任务评价

同学们两人一组，进行唇部护理的专项训练，并按照下表进行评比。

评 价 标 准		分值	得 分			
			学生自评	组间互评	教师评分	总分
1	唇部护理步骤完整	60				
2	力度适中	10				
3	手法服帖	10				
4	手势优美	10				
5	节奏与速度和谐	10				

注：建议训练时同学自由组合，考核时同学随机组合。

课后思考

一、判断题（下列判断正确的请打“√”，错误的打“×”）

1. 碰到唇部皮肤容易干燥的情形，舔舔嘴唇就算可以了。（　　）

2. 如同我们的脸部肌肤一样，唇部一样需要定期进行护理，包括彻底的清洁、去除老化角质、敷唇膜，等等。（　　）

3. 唇部护理是指美容师通过一定的美容护理手段，保养顾客的唇部皮肤，使其保持红润健康的良好状态。（　　）

二、单项选择题（下列每题的选项中，只有一个是正确的，请将其代号填在横线空白处）

1. 不常见的唇部问题为________。

A. 缺水　　B. 充血

C. 暗淡　　D. 蜕皮

2. ________季节，嘴唇不仅难以维持水嫩，而且很容易干裂。

A. 春季　　B. 夏季

C. 秋季　　D. 冬季

三、填图题

在图1-2-15中填上专业术语：唇峰、上唇、下唇、唇角、唇珠、唇谷。

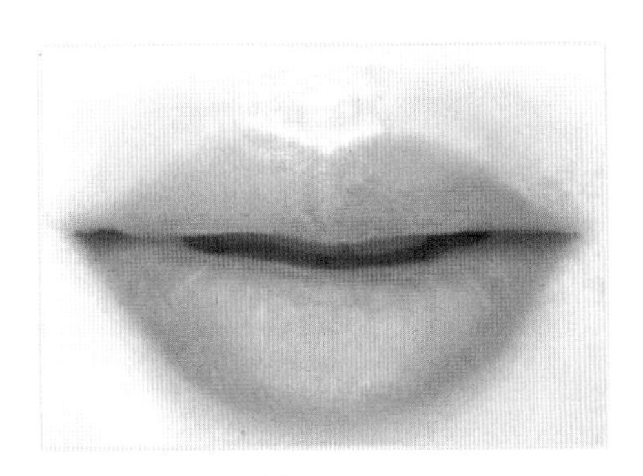

图1-2-15

四、看图说话题

1. 如图1-2-16所示，有些人喜欢用手撕掉或用牙齿咬掉唇上的死皮，这是十分错误的做法，弄得不好还会破皮流血。请介绍正确的方法。

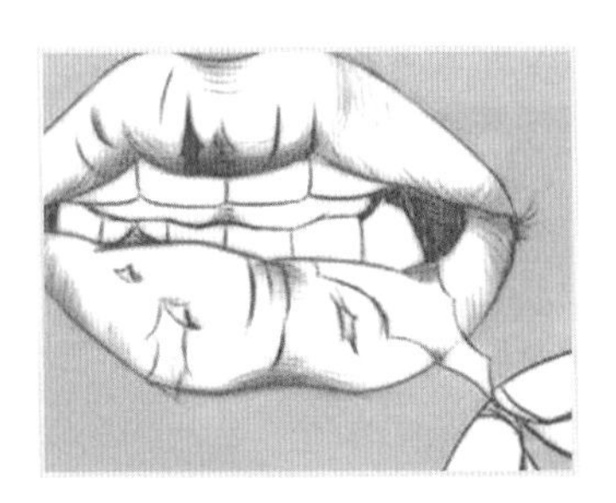

图1-2-16

2. 说出唇周地仓穴、承浆穴、人中穴、口禾髎穴这四个主要穴位的归经及取穴位置。

项目总结

本项目主要针对生理结构比较特殊的眼部、唇部皮肤护理问题进行了讲解，尤其对常见的眼部皮肤问题，如眼袋、黑眼圈、鱼尾纹等的成因及护理程序、操作方法做了详尽的介绍。了解这些知识，有助于美容师在实际工作中提高自己的技术，更好地为顾客服务。

希望通过本项目的系统学习，结合教学实践，同学们能刻苦训练、融会贯通，熟练掌握相关的操作技能。

项目反思

日期：　　　年　月　日

项目二

头部按摩

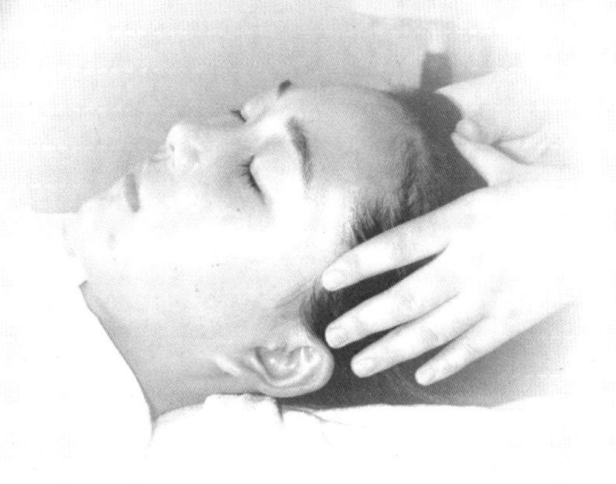

情境聚焦

在美容院见习的过程中，李瑛看到头部按摩一般与其他护理项目配合实施，如与蒸面或面膜护理等同时进行。美容师端坐床头，根据顾客的头部穴位来做精心的安抚动作，要求点穴准确到位，用力适当，由轻至重，因人而异，每每这时候，李瑛会看到顾客怡然、放松、享受、安神的表情。

指导师父说："古人云'发是血之余，一日一次梳'，头部按摩对身体大有益处。头部按摩可以使头脑清醒、增强记忆，解除头痛、头晕、头胀、失眠、昏沉不清等诸多不适；按摩头部经穴促进清阳上升，百脉调和，改善头部毛囊下末梢血管的血液循环，使头发得到滋养。"

在师父的指导下，李瑛认真地学习着……

我们的目标是

- 熟悉头部按摩程序
- 了解头部按摩手法
- 了解头部按摩注意事项
- 掌握头部主要穴位的取穴方法

着手的任务是

- 根据顾客需要，结合面部护理流程，能熟练掌握头部按摩的操作手法

任务实施中

任务一　头部按摩程序

头部是“诸阳之会”“清净之府”，头部有我们感知外部世界的重要器官，而且头部有很多重要的穴位。因此，对头部进行保健按摩，是一种很好的健脑方法。按摩头部会触及很多末梢神经反射点，使人达到深层的放松，从而获得全身血液活络与脑循环顺畅的双重效果。此外，还能平静思绪、消除焦虑、缓解疲劳、增强记忆、预防脱发并提升睡眠质量。生活中经常按摩头部，可起到缓解健忘的保健效果。

头部按摩一般是根据客人的头部穴位来进行安抚的动作，要求是点穴准确到位，用力适当，由轻到重，因人而异，使人有一种放松、舒适的感觉。

一、头部按摩的操作流程

头部按摩的基本流程包括以下五项。

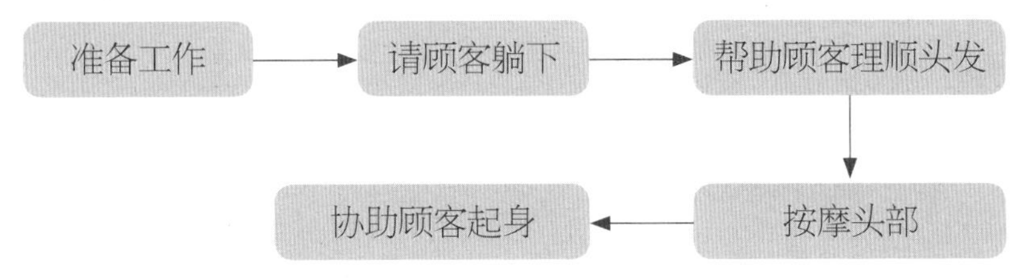

头部按摩的操作流程

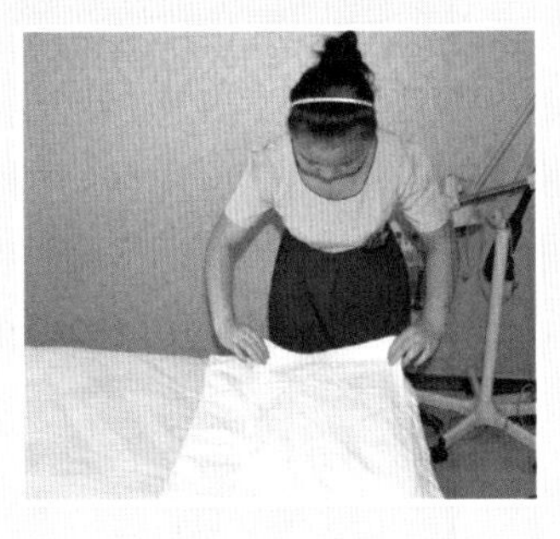

图2-1-1　准备工作

- **操作示范**　图2-1-1　准备工作
- **操作说明**　整理好美容床位，床位调至顾客适宜的高度，换上干净床单。
- **操作要领**　床位调至顾客适宜的高度。

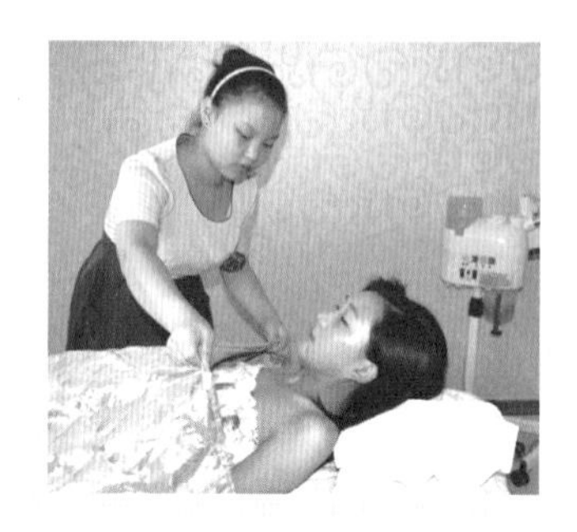
图2-1-2 请顾客躺下

- **操作示范** 图2-1-2 请顾客躺下
- **操作说明** 帮助顾客躺下，请顾客安静躺于床上。
- **操作要领** 动作轻柔。

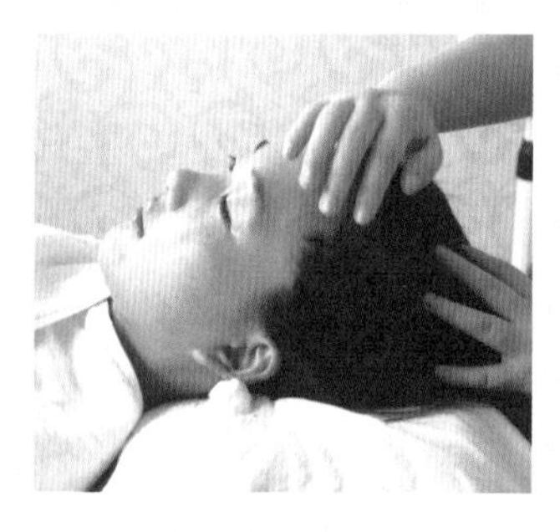
图2-1-3 帮助顾客理顺头发

- **操作示范** 图2-1-3 帮助顾客理顺头发
- **操作说明** 帮助顾客理顺头发。
- **操作要领** 将顾客的头发散开。

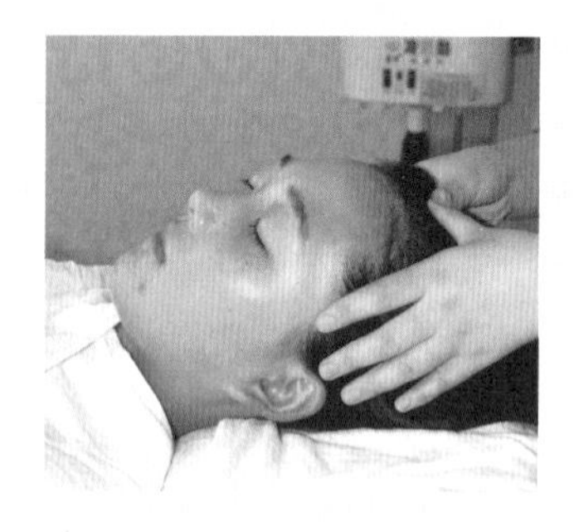
图2-1-4 按摩头部

- **操作示范** 图2-1-4 按摩头部
- **操作说明** 头部按摩手法见下文。
- **操作要领** 动作熟练、连贯，点穴准确。

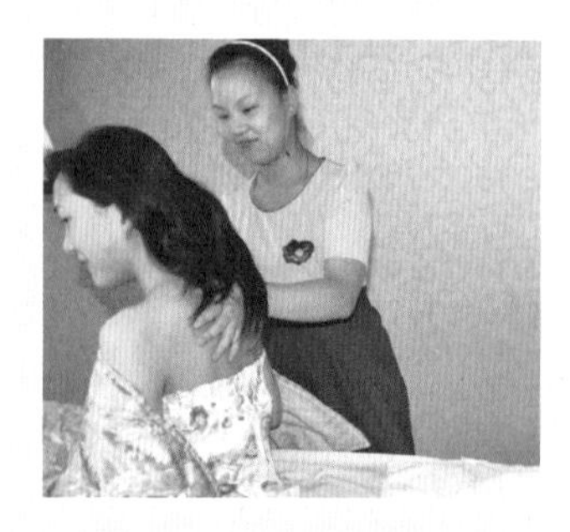
图2-1-5 协助顾客起身

- **操作示范** 图2-1-5 协助顾客起身
- **操作说明** 一手托住顾客的背部，一手扶住顾客的肩臂，协助顾客起身，帮助其整理衣服、头发。
- **操作要领** 动作轻柔。

二、头部保健按摩手法

头颅内的脑是全身功能活动的最高司令部，总管人的思维、运动、语言、平衡等功能。中医学认为，头为十二经络的诸阳经会聚之处，百脉所通，系一身之主宰，对控制和调节人体的生命活动起着极其重要的主导作用。当各种原因导致头部的神经、血管、脑膜等组织受到不良影响时，人体就会出现头痛、头晕、失眠、多梦、记忆力下降等多种不适，严重地影响人们正常的工作和生活。

本套手法要求被按摩者采用仰卧位，操作者端坐床头，这套手法主要在被按摩者的额部、头顶部、侧头顶部和耳部进行操作。做头部的保健按摩，可以促进清阳上升、百脉调和、头脑清醒、记忆增强，又能改善面部皮肤营养状况，使人精神振作、容光焕发。

头部保健按摩手法

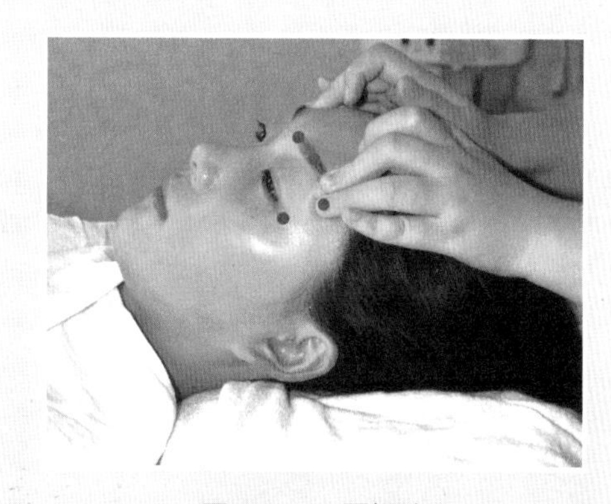

图2-1-6 压框法

- **操作示范** 图2-1-6 压框法
- **操作说明** 在眼周围取穴：攒竹穴、鱼腰穴、丝竹空穴、瞳子髎穴。点按穴位采用揉按的手法，每一个穴位揉按15秒。
- **操作要领** 按穴力度轻柔、舒缓。
- **主要功效** 按摩以上穴位，可以放松眼部肌肉，缓解眼部疲劳。

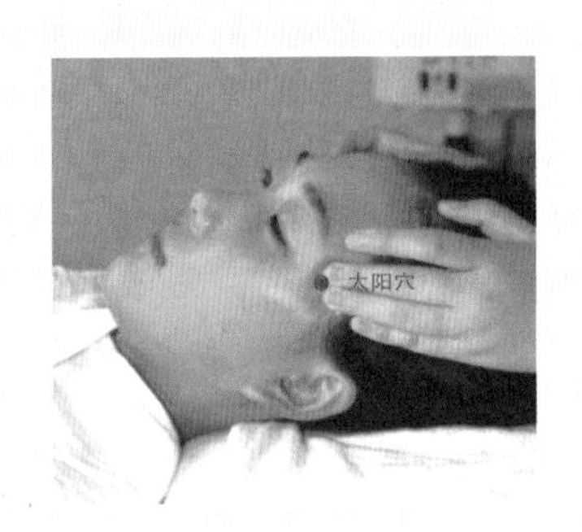

图2-1-7　按揉太阳穴

- **操作示范**　图2-1-7　按揉太阳穴
- **操作说明**　双手朝同一方向（顺时针或逆时针）点按太阳穴，打圈揉压。
- **操作要领**　力度由轻到重，时间为10秒，点压时尽量保证两手力度相同，按摩结束，慢慢撤出双手。
- **主要功效**　可以放松眼部神经，缓解眼部疲劳。

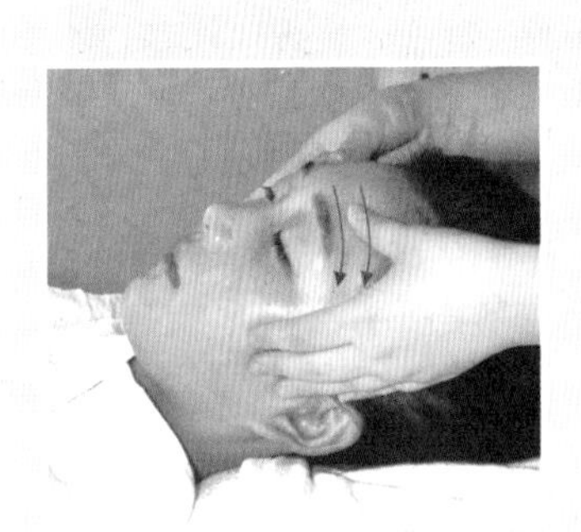

图2-1-8　抹前额

- **操作示范**　图2-1-8　抹前额
- **操作说明**　按摩者以双手拇指，接触前额中央，慢慢向两侧拉抹至两侧太阳穴结束。
- **操作要领**　按摩方向从中央向两侧，拉抹速度不宜过快。
- **主要功效**　有头痛病症的人非常适合用这种方法。这种方法也可以减轻抬头纹。

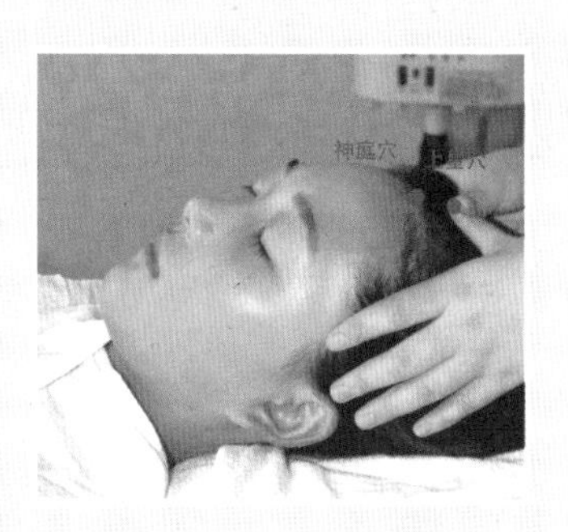

图2-1-9 头顶按穴法

- **操作示范** 图2-1-9 头顶按穴法
- **操作说明** 按摩者手指点按神庭穴、上星穴、百会穴。
- **操作要领** 点按穴位向下施加压力时，可轻轻地打圈。每个穴位按压15秒。
- **主要功效** 放松头皮，舒缓头部的紧张感。

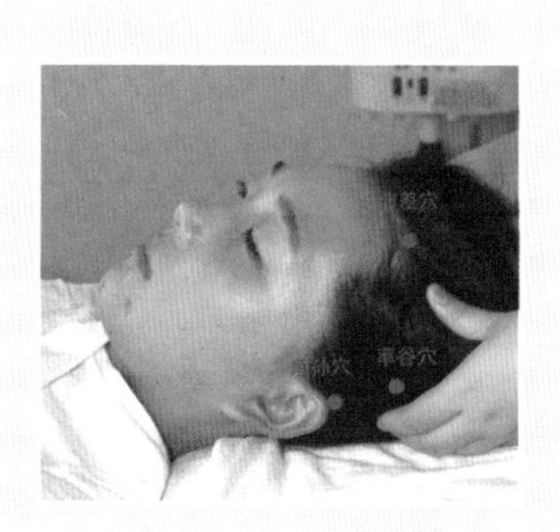

图2-1-10 头侧按压法

- **操作示范** 图2-1-10 头侧按压法
- **操作说明** 按摩者两手微曲，以指肚垂直接触皮肤，从双侧同时点按对称的曲差穴、率谷穴、角孙穴。
- **操作要领** 点按穴位向下施加压力时，可轻轻地打圈。各穴位按压15秒。
- **主要功效** 放松头皮，舒缓头部的紧张感。

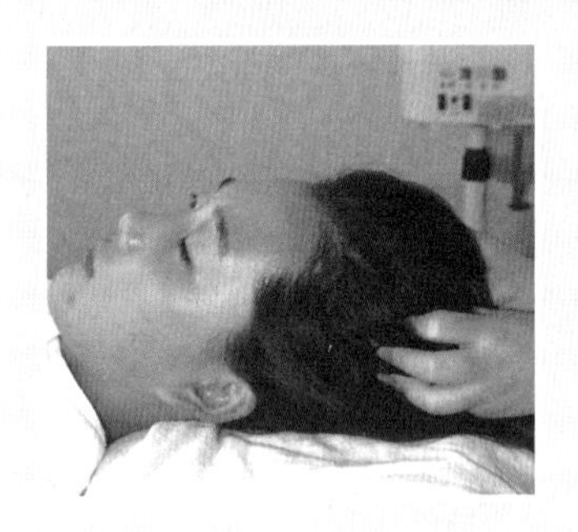
图2-1-11　十指根梳法

- **操作示范**　图2-1-11　十指根梳法
- **操作说明**　按摩者十指微曲，至被按摩者发际线处，揉按、搓擦，然后从头顶两侧同时向头顶百会穴处梳理。
- **操作要领**　反复操作5~10遍，多用指端掌面，尽量少用指甲。
- **主要功效**　能健脑明目、怡志养神。

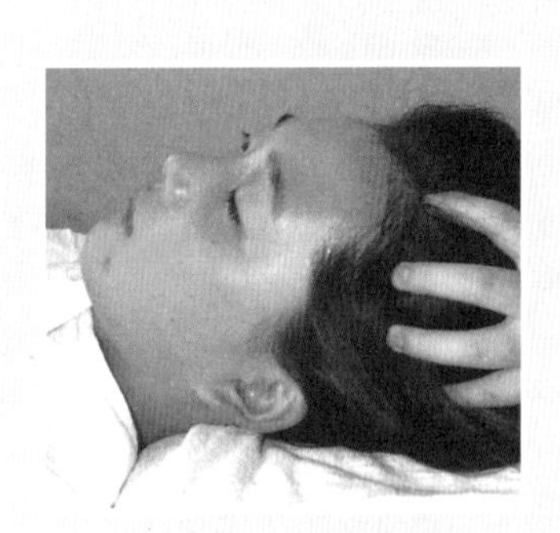
图2-1-12　雀啄法

- **操作示范**　图2-1-12　雀啄法
- **操作说明**　按摩者双手十指分开，略弯曲，两手如鸟雀啄米状叩击头部，由上至下，由两侧到头顶。
- **操作要领**　这个动作要求频率较高，每分钟100~150次。
- **主要功效**　缓解工作疲劳、头皮紧张。

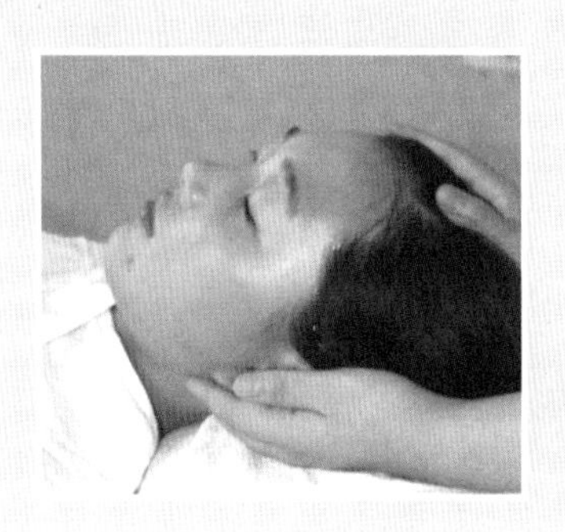
图2-1-13　摩顶催眠法

- **操作示范**　图2-1-13　摩顶催眠法
- **操作说明**　按摩者以单手手掌劳宫穴，正对被按摩者百会穴，手掌向下振动。
- **操作要领**　时间至少 5 分钟。
- **主要功效**　此法对神经衰弱、失眠等有一定的缓解作用。

注：头部按摩要求点穴正确到位，用力由轻到重，缓缓加力。

任务评价

以小组为单位练习头部按摩手法，并进行评比。

评价标准		分值	得分			
			学生自评	组间互评	教师评分	总分
1	准备工作	20				
2	手法娴熟	20				
3	过程完备	20				
4	动作有力	20				
5	节奏感强	20				

相关链接

头皮按摩器

如图2-1-14所示的头皮按摩器就像一把柔软的大梳子，软硬适中的梳子齿可以很好地对头皮进行一些按摩刺激，可以采用“刺”的动作，也可以像用梳子梳理头发一样来回运动，达到很好的按摩和放松的效果。

图2-1-14

如图2-1-15所示的头部按摩器继承传统中医经络治疗原理以及现代医学技术，采用智囊气压、微电脑晶片控制揉压、节律震动按摩，帮助脑部增氧通络，改善脑部血液循环，舒缓大脑压力、疲劳，促进新陈代谢，维持大脑健康。该产品配备有音乐播放功能。

如图2-1-16所示的手动头部按摩爪能给使用者头部带来极高的舒适感，能起到按摩头部穴位、舒缓大脑压力、减缓疲劳、明目、醒脑、祛风、固发根的作用。

图2-1-15

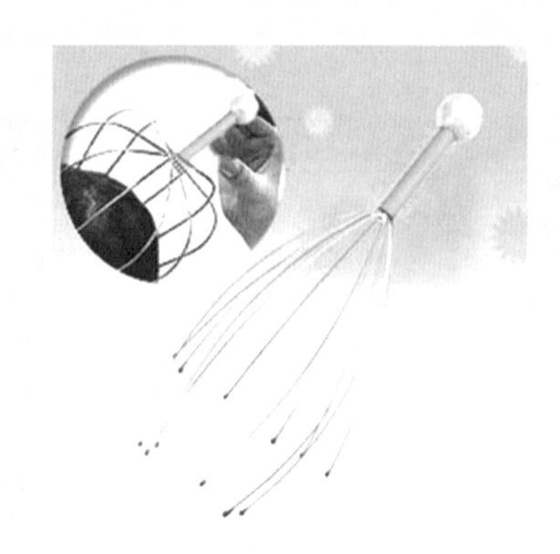

图2-1-16

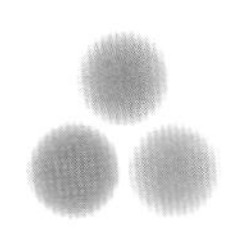

任务二 头部按摩常用穴位

头部按摩常用穴位

图2-2-1 神庭穴

- **穴位名称** 图2-2-1 神庭穴
- **位　　置** 神庭穴系督脉穴位。

  该穴位于人体的头部，当前发际正中直上0.5寸[①]左右，感觉有个凹下去的地方。
- **主要功效** 常用于治疗痫证、惊悸、失眠、头痛、头晕目眩、鼻渊、鼻鼽、流泪、神经官能症、记忆力减退、精神分裂症。

图2-2-2 上星穴

- **穴位名称** 图2-2-2 上星穴
- **位　　置** 上星穴系督脉穴位。

  位置在前头部正中线，入前发际1寸处。
- **主要功效** 点揉上星穴可起到清热利窍、醒神清脑、升阳益气等作用。

① 注：1寸≈3.33 cm。

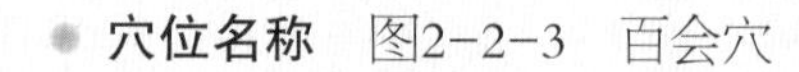

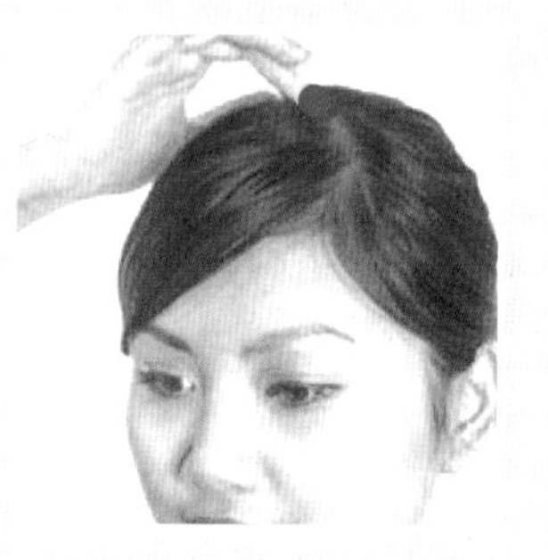

图2-2-3　百会穴

- **穴位名称**　图2-2-3　百会穴
- **位　　置**　百会穴系督脉穴位。

  定位此穴道时要让顾客采用正坐的姿势，百会穴位于人体头部，头顶正中心。

  可以通过两耳角直上连线中点，来简易取此穴。

- **主要功效**　常用于治疗头痛、头重脚轻、痔疮、高血压、低血压、宿醉、目眩失眠、焦躁等。

  此穴为人体督脉经络上的重要穴道之一，是治疗多种疾病的首选穴，医学研究价值很高。

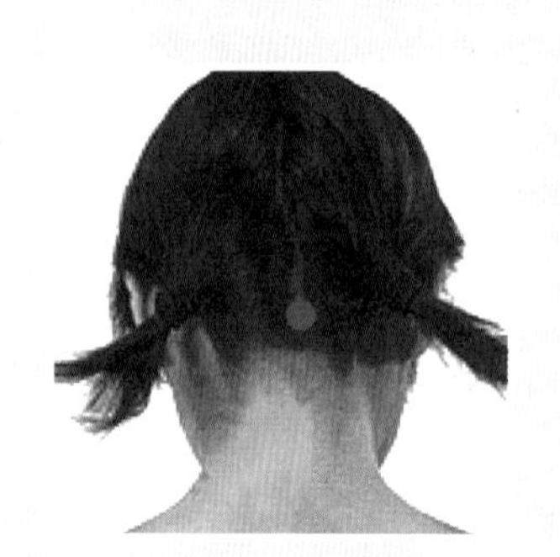

图2-2-4　哑门穴

- **穴位名称**　图2-2-4　哑门穴
- **位　　置**　哑门穴为督脉穴位。

  位于项部，当后发际正中直上0.5寸，第1颈椎下。

- **主要功效**　是人体的要穴。被点中后，冲击延髓中枢，失语、头晕、倒地不省人事。

  主治舌缓不语、喑哑、头重、头痛、颈项强急。

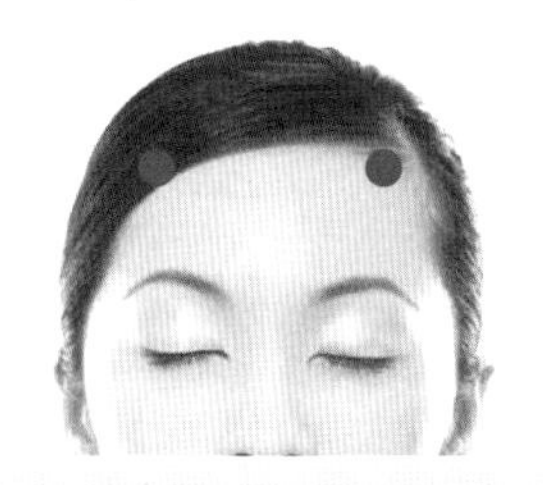
图2-2-5　头维穴

- **穴位名称**　图2-2-5　头维穴
- **位　　置**　属足阳明胃经。

　　在头侧部，当额角发际上0.5寸，头正中线旁开4.5寸。
- **主要功效**　主要治疗头痛、眩晕、目痛、迎风流泪。

图2-2-6　曲差穴

- **穴位名称**　图2-2-6　曲差穴
- **位　　置**　属足太阳膀胱经，又名鼻冲。

　　该穴位于人体的头部，当前发际正中直上0.5寸，旁开1.5寸，即神庭穴与头维穴连线的内1/3与中1/3交点。
- **主要功效**　主要治疗头痛、鼻塞、目视不明。

图2-2-7 风池穴

- **穴位名称** 图2-2-7 风池穴
- **位　　置** 属足少阳胆经。

  在头额后面大筋的两旁与耳垂平行处。
- **主要功效** 对缓解头痛、头重脚轻、眼睛疲劳、颈部酸痛、落枕、失眠、宿醉等身体不适有一定效果。

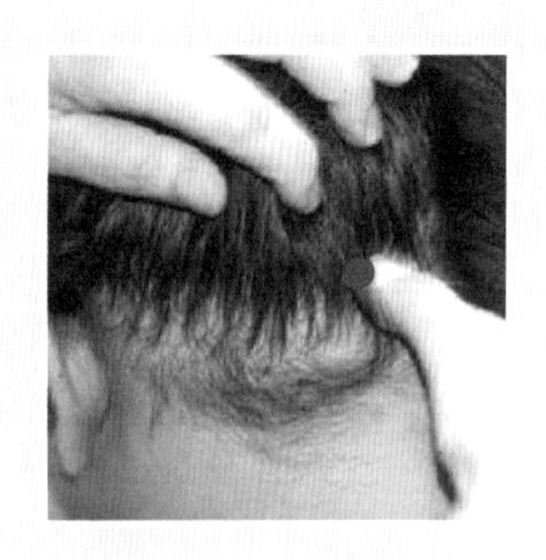
图2-2-8 风府穴

- **穴位名称** 图2-2-8 风府穴
- **位　　置** 风府穴是督脉的第十三个穴位。

  风府穴位于后颈部，两风池穴连线中点，颈项窝处。
- **主要功效** 按摩此穴位对于缓解多种颈部疾病、头部疾病都有一定效果，是人体督脉上重要的穴道之一。

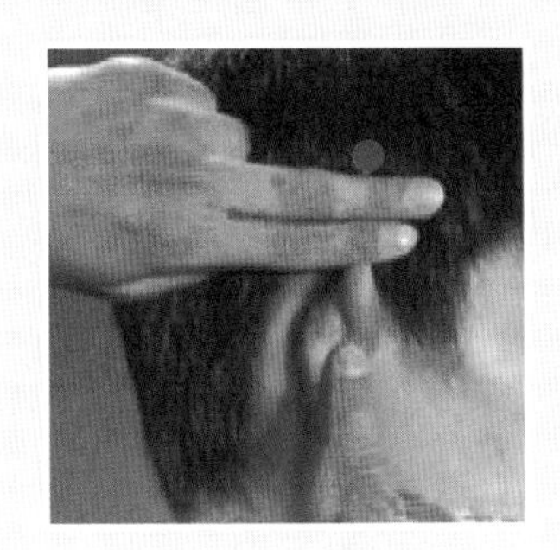

图2-2-9　率谷穴

- **穴位名称**　图2-2-9　率谷穴
- **位　　置**　率谷穴归足少阳胆经。

  位于人体的头部，当耳尖直上入发际1.5寸，角孙穴直上方。
- **主要功效**　主治偏头痛、眩晕、小儿惊风。

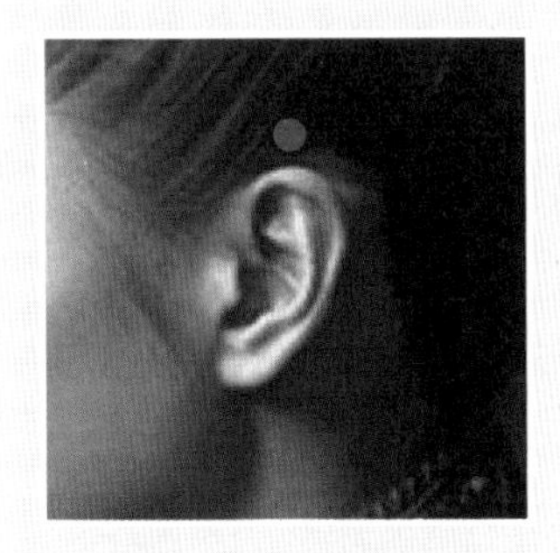

图2-2-10　角孙穴

- **穴位名称**　图2-2-10　角孙穴
- **位　　置**　角孙穴是中医针灸穴位之一，属手少阳三焦经。定位在头部，折耳郭向前，当耳尖直上入发际处。
- **主要功效**　主治耳部肿痛、目赤肿痛、目翳、齿痛、唇燥、项强、头痛。

任务评价

以小组为单位，快速寻找头部穴位（每个穴位满分为100分），并进行评比。

<table>
<tr><th colspan="3" rowspan="2">评 价 标 准</th><th rowspan="2">分值</th><th colspan="4">得 分</th></tr>
<tr><th>学生自评</th><th>组间互评</th><th>教师评分</th><th>总分</th></tr>
<tr><td rowspan="2">1</td><td rowspan="2">时间控制</td><td>在规定时间内</td><td>20</td><td></td><td></td><td></td><td></td></tr>
<tr><td>超过规定时间</td><td>0</td><td></td><td></td><td></td><td></td></tr>
<tr><td rowspan="2">2</td><td rowspan="2">点按正确</td><td>能准确定位</td><td>20</td><td></td><td></td><td></td><td></td></tr>
<tr><td>不能准确定位</td><td>0</td><td></td><td></td><td></td><td></td></tr>
<tr><td rowspan="2">3</td><td rowspan="2">定位描述</td><td>能正确描述</td><td>30</td><td></td><td></td><td></td><td></td></tr>
<tr><td>不能正确描述</td><td>0</td><td></td><td></td><td></td><td></td></tr>
<tr><td rowspan="2">4</td><td rowspan="2">主治表述</td><td>能正确表述</td><td>30</td><td></td><td></td><td></td><td></td></tr>
<tr><td>不能正确表述</td><td>0</td><td></td><td></td><td></td><td></td></tr>
</table>

课后思考

一、判断题（下列判断正确的请打“√”，错误的打“×”）

1. 上星穴在头顶部，当百会穴前后左右各1寸，共有4穴。（　　）

2. 采用正坐的姿势时，百会穴位于人体的头部，头顶正中心，可以通过两耳角直上连线中点来取此穴。（　　）

3. 对顾客进行头部按摩时，应以指肚垂直接触皮肤。（　　）

4. 头部按摩只能采用仰卧位。（　　）

5. 角孙穴又称为鼻冲穴。（　　）

二、单项选择题（下列每题的选项中，只有一个是正确的，请将其代号填在横线空白处）

1. 当前发际正中直上0.5寸，旁开1.5寸的穴位称作 ________。

A. 神庭穴　　B. 曲差穴

C. 率谷穴　　D. 头维穴

2. 此穴位在头部，当耳尖直上入发际1.5寸，此穴位为 ________。

A. 神庭穴　　B. 百会穴

C. 率谷穴　　D. 头维穴

3. 于头侧部，当额角发际上0.5寸，头正中线旁开4.5寸（嘴动时肌肉也会动之处）的穴位是 ________。

A. 头维穴　　B. 神庭穴

C. 曲鬓穴　　D. 翳风穴

4. 头部按摩不可以治疗的病症有 ________。

A. 头痛　　B. 失眠

C. 头晕　　D. 胃痛

5. ________ 是人体的要穴。被点中后，冲击延髓中枢，喑哑、头晕、倒地不省人事。

A. 哑门穴　　B. 上星穴

C. 率谷穴　　D. 风池穴

6. 在人体头顶部，属督脉中最重要的穴位，此穴为 ________。

A. 哑门穴　　B. 上星穴

C. 百会穴　　D. 风府穴

三、看图说话

1. 说说图2-2-11中被督脉贯穿的头部的五个穴位，其定位与按摩功效。

2. 说说图2-2-11中被足太阳膀胱经贯穿的头部五个穴位，其定位与按摩功效。

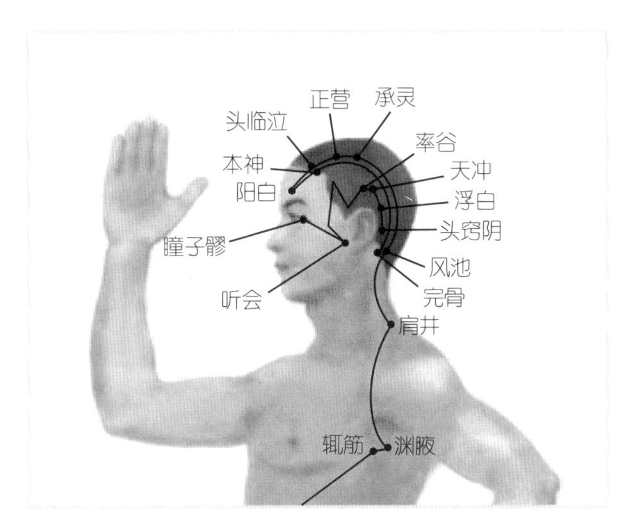

图2-2-11

四、综合训练

1. 一日，李瑛和同学们在参观学校合作企业时，得到该企业的《头部按摩要领注解讲义》一本，该讲义介绍了头部按摩的手法，共 7 个步骤。教师请同学们课后协助李瑛按照文字描述还原动作。要求手法流畅、步骤正确。

头部按摩的手法

坐位、仰卧位均可。

（1）推抹前额

用双手掌面左右推抹前额，由轻到重抹1～2分钟。有清脑明目作用。在抹擦中加上下推揉前额两遍，效果更佳。

（2）推抹双鬓

用双掌根或大鱼际从前向后经太阳穴推抹双侧鬓角，后面顺势抹到颈部两侧风池穴以下，反复进行1～2分钟，随后再用2～5指推抹双鬓数次。此手法对于改善头部的血液循环、调节头部的神经功能、缓解疲劳都有良好的效果，是头部保健按摩不可缺少的手法。

（3）梳头

双手五指自然分开，从前向后、由中央向两侧，反复梳理头发，多用指端掌面，尽量少用指甲，使头皮得到充分的按摩，该手法反复进行至少1～2分钟。可增加头皮血液供给，改善颅内的血液循环。坚持操作，不但能使头皮健康，头发黑而有光泽，还有减缓脑老化、缓解疲劳的作用。

（4）点压三经

手势同前，以中指为主从前额神庭穴开始依次点压督脉各穴直至大椎穴（第七颈椎棘突下），再以双手中指从攒竹开始依次点压足太阳膀胱经各穴至颈部，有清脑止痛作用。反复点压 3 遍。

（5）搓擦头皮

手势同前，用各指端掌面或全掌接触头皮，双手交替画圈搓擦，由轻到重，逐渐增加手法强度。如有头发脱落，则操作力度不宜过重。反复搓擦1～2分钟，对护发和脑的保健有好处。该手法是头部按摩的重点手法之一。

（6）叩击头皮

手势同前，首先以各指端快速依次轻轻叩击头皮 3 遍，手法强度逐渐增加；其次用手指面拍击头皮，反复进行1～2分钟；最后用虚掌拍打 1 分钟。此法可促进头皮的血液循环，增加脑的兴奋性，提高脑的工作能力。

（7）抚头收功

用双掌轻轻抚摸头部，将头发从前向后，由中间向两侧理顺，呼吸稍加深并减慢，数次后恢复平静呼吸。类似练功者收功的情形，故叫抚头收功。

2. 在参观学校合作企业时，李瑛还注意到有的企业推出“头皮护理”的项目，请帮助李瑛上网查询头皮护理的必要性。

项目总结

现代医学证明，用手抓头按摩，对于消除疲劳、改善头皮营养状况、促进新陈代谢、调节皮肤分泌等，都具有一定的意义。通过本项目的学习，同学们知悉了头部按摩的主要穴位，学习了按摩的步骤与手法，明白了减压与防治脱发是头部按摩的最重要疗效。

头部按摩可作为面部护理的辅助项目，在蒸脸或敷涂面膜时结合进行，不仅能够促进头部神经系统的兴奋，起到清脑提神的作用，还可以使服务更加优质，让顾客备感超值，有助于积累客源。因此，在本项目的系统学习的基础上，同学们应在实践中刻苦训练、融会贯通，熟练掌握相关的操作技能。

项目反思

日期：　　　年　月　日

项目三

前颈部护理

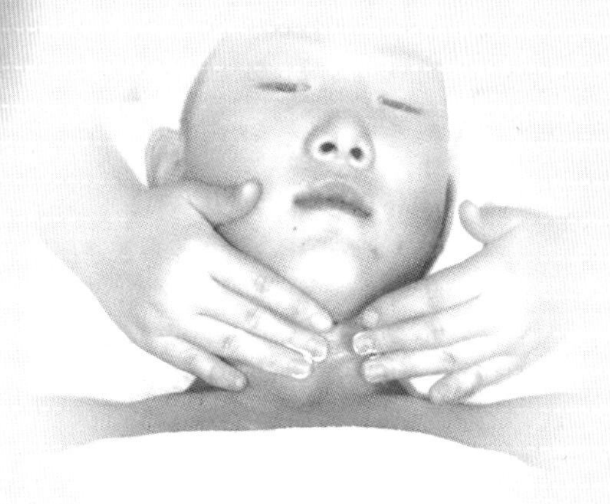

任务一　前颈部护理操作

任务二　前颈部皮肤居家保养建议

情境聚焦

一日，实习厅来了一位年轻顾客，眼周有些红肿，李瑛纳闷：分明是双眼皮术后还没有痊愈，这样子还可以做护理？

师父解释道："她下半年要做新娘，最近是专门来做颈部护理的。"在护理美容中，前颈部的皮肤护理既可以作为一个单独护理项目也可作为面部护理的衍生内容（在做面部护理时连带着进行）。

遇到专门来做前颈部护理项目的顾客，美容师要根据实际情况将前颈部的护理作为一个完整的项目来完成。

我们的目标是

- 熟悉前颈部皮肤的特点
- 熟悉前颈部皮肤护理各环节的操作规范
- 了解前颈部皮肤的居家保养方法

着手的任务是

- 准确地掌握前颈部皮肤护理的操作规范
- 学会前颈部皮肤的居家保养方法

任务实施中

任务一 前颈部护理操作

颈部皮肤十分细薄而且脆弱，皮脂腺和汗腺的分布数量只有面部的三分之一，皮脂分泌较少，持水能力自然比面部要差许多，从而容易干燥，容易产生皱纹。所以关注面部护理的同时，不要忘记前颈部的护理工作。

一、前颈部皮肤护理流程

完备的前颈部护理程序包括以下九个步骤。

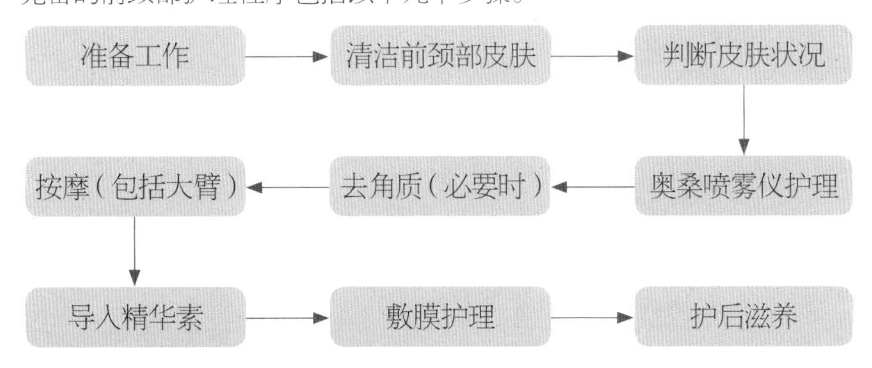

前颈部皮肤的护理步骤及方法

图3-1-1 准备工作

- **操作示范** 图3-1-1 准备工作
- **操作说明** 做好与面部护理相同的准备工作。

  请顾客更衣，穿上抹胸美容袍。
- **注意事项** 为了方便操作，请顾客露出颈部及大臂。

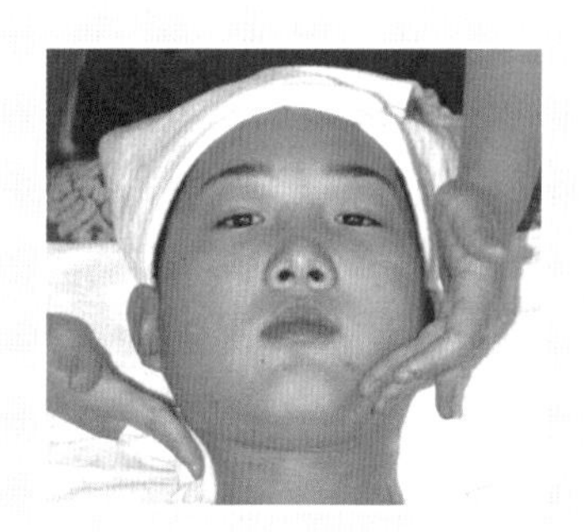

图3-1-2 清洁前颈部皮肤

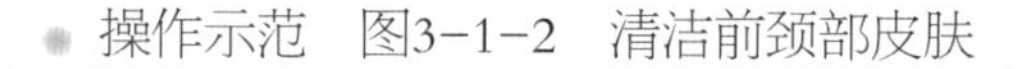

- **操作示范** 图3-1-2 清洁前颈部皮肤
- **操作说明** 取适量洗面奶或洁面乳分点于顾客的颈部、肩端部和上臂部位等处，涂抹均匀。

  打圈按摩。

  用温水和洗面巾洗去洗面奶或洁面乳，清洁颈部皮肤。

- **注意事项** 清洁品要适量。

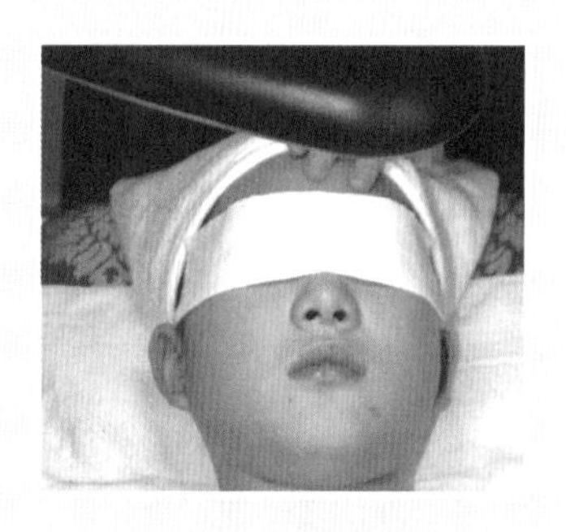

图3-1-3 判断皮肤状况

- **操作示范** 图3-1-3 判断皮肤状况
- **操作说明** 是否有干燥、松弛等现象。

  是否有双下巴、颈纹等症状。
- **注意事项** 判断要准确。

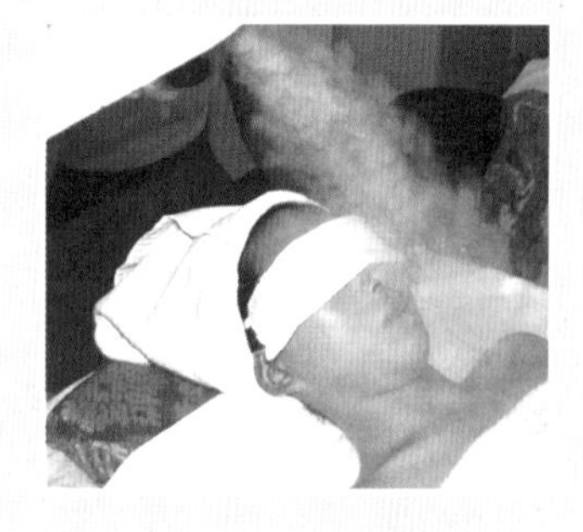

图3-1-4 喷雾

- **操作示范** 图3-1-4 喷雾
- **操作说明** 奥桑喷雾仪的护理距离为20～25 cm。

  将喷雾口调整至与锁骨部位呈45° 的角度对颈、肩部喷雾。

  时间以10～15分钟为宜。
- **注意事项** 安全使用喷雾仪。

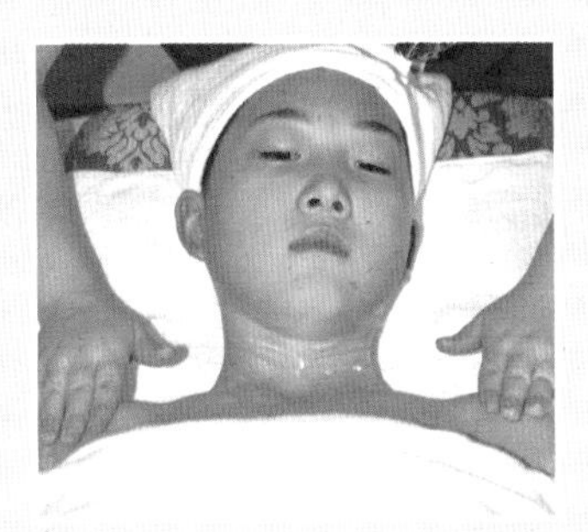
图3-1-5 去角质（必要时）

- **操作示范** 图3-1-5 去角质（必要时）
- **操作说明** 将去角质霜涂于颈肩部，待到八成干后，一手固定皮肤，用另一手“美容指”将角质轻轻搓去。
- **注意事项** 敏感性皮肤不用去角质。

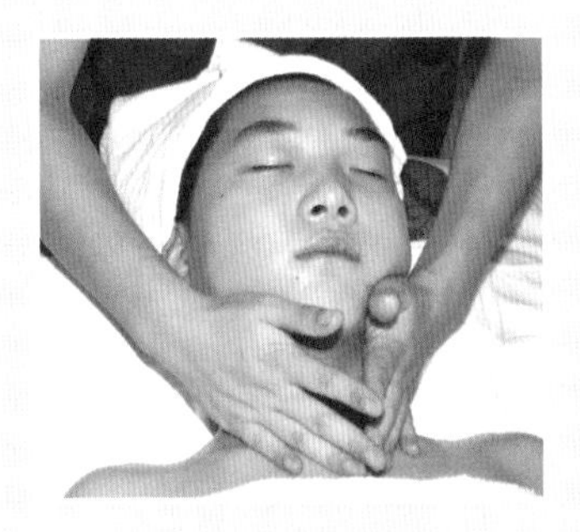
图3-1-6 按摩

- **操作示范** 图3-1-6 按摩
- **操作说明** 取适量按摩膏均匀地涂于前颈部。

  手法熟练、动作连贯、点穴准确。
- **注意事项** 颈部护理动作轻，力度应柔和。

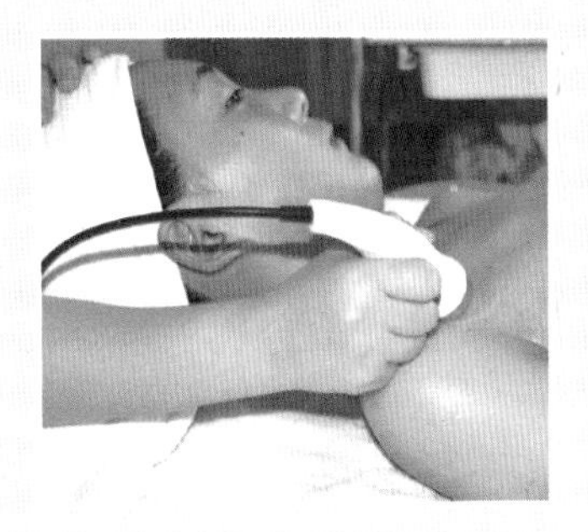
图3-1-7 导入精华素

- **操作示范** 图3-1-7 导入精华素
- **操作说明** 使用多功能美容仪进行精华素导入操作。

  时间为8~10分钟。
- **注意事项** 不能压迫颈部。

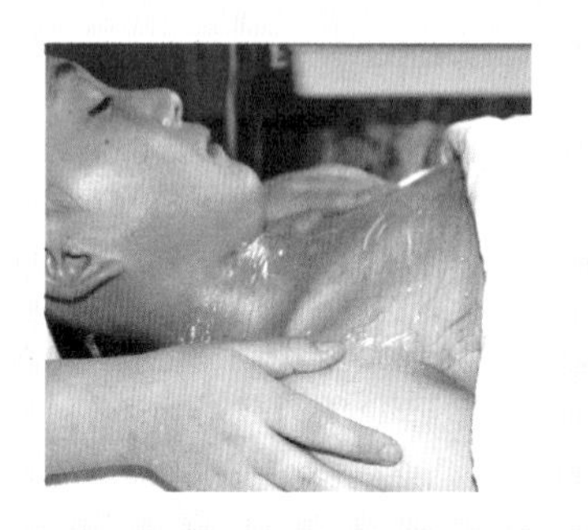

图3-1-8　敷膜

- **操作示范**　图3-1-8　敷膜
- **操作说明**　取适量的营养液或滋润面膜调成均匀的糊状涂抹于前颈部，并盖上保鲜膜。

  时间为15～20分钟。
- **注意事项**　敷膜厚薄适中、均匀。

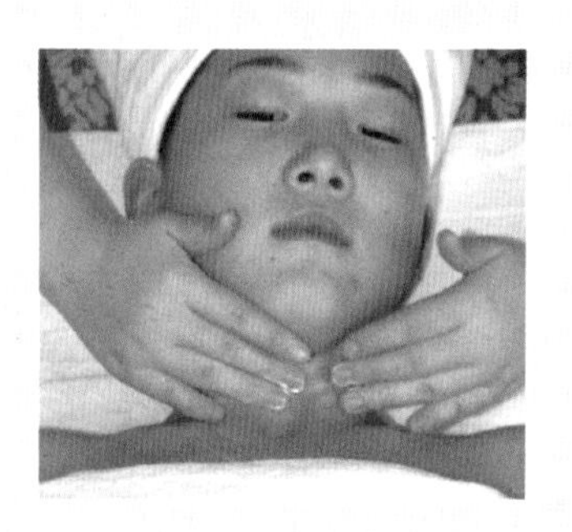

图3-1-9　护后滋养

- **操作示范**　图3-1-9　护后滋养
- **操作说明**　拍化妆水。

  涂抹滋养液。

  涂抹营养霜。
- **注意事项**　化妆水、滋养液、营养霜应适量。

二、前颈部皮肤的按摩手法

颈部及颈部以上部位，基本是长年暴露在外，其皮肤极易粗糙，也是人体易衰老的部位。通过加强皮肤按摩，能够增强颈肩部皮肤的新陈代谢，加速血液循环，增加氧的输送和营养物质的补充，减少皮肤的假性皱纹和松弛现象，恢复颈肩部皮肤的柔嫩、细腻和弹性，延缓肌肤衰老。

前颈部皮肤的按摩手法

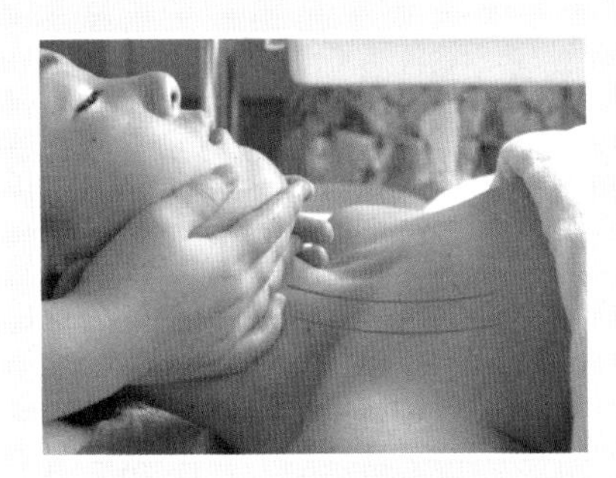

图3-1-10 竖拉颈部

- **操作示范** 图3-1-10 竖拉颈部
- **操作说明** 双手四指并拢，掌心向内，以锁骨中心点（天突穴），交替从颈根部向上拉按至下颌处，并渐渐向颈两侧移动，止于耳根下方。按摩顺序为先中间后两侧，每侧做六遍，整个动作重复进行三次。

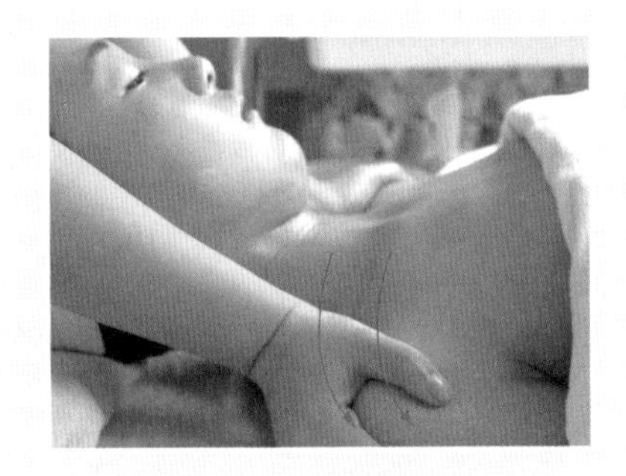

图3-1-11 滑按颈部

- **操作示范** 图3-1-11 滑按颈部
- **操作说明** 双手四指并拢、平伸，掌心朝上置于肩下颈部，拇指放在肩上方，双手从颈后大椎穴开始向两侧滑按，滑按至颈侧点的巨骨穴时，用中指、无名指垂直用力指压该穴。整个动作重复进行三次。

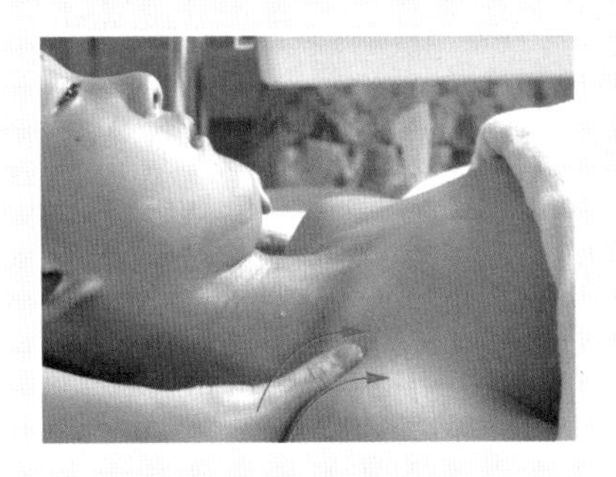

图3-1-12 滑拨侧颈筋

- **操作示范** 图3-1-12 滑拨侧颈筋
- **操作说明** 双手四指并拢、平伸，放在颈侧胸锁乳突肌下，由下向上垂直滑按，左右侧同时进行。

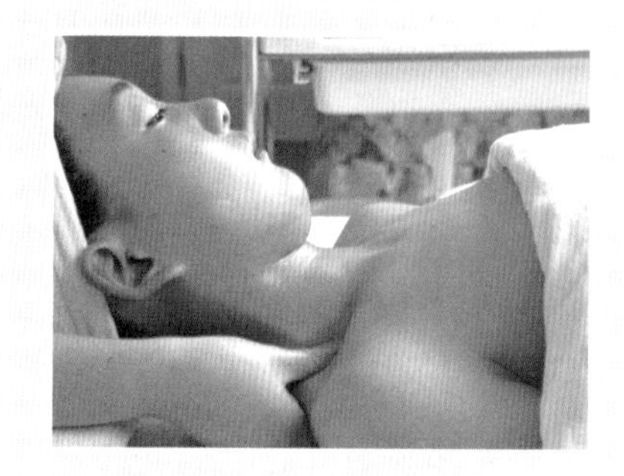
图3-1-13　弹拨后颈筋

操作示范　图3-1-13　弹拨后颈筋

操作说明　左右手交替，用力弹拨后颈椎骨两侧的两条后颈部肌肉。

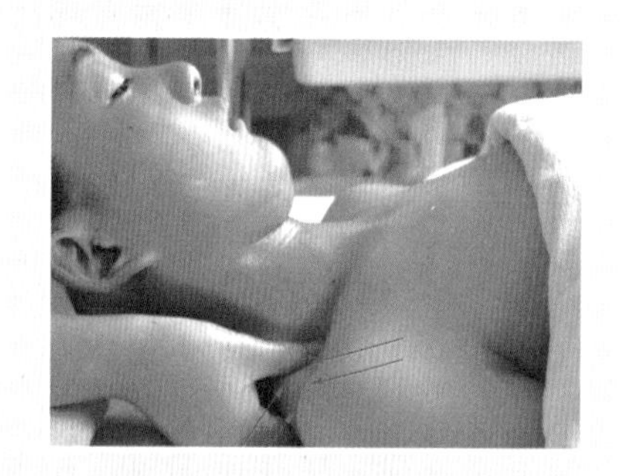
图3-1-14　抽、按三角筋

操作示范　图3-1-14　抽、按三角筋

操作说明　用两手大拇指及中指和食指在后肩胛骨处用力向上抽提三角筋，左右同时进行。可视顾客承受程度的不同，调整所用力度。

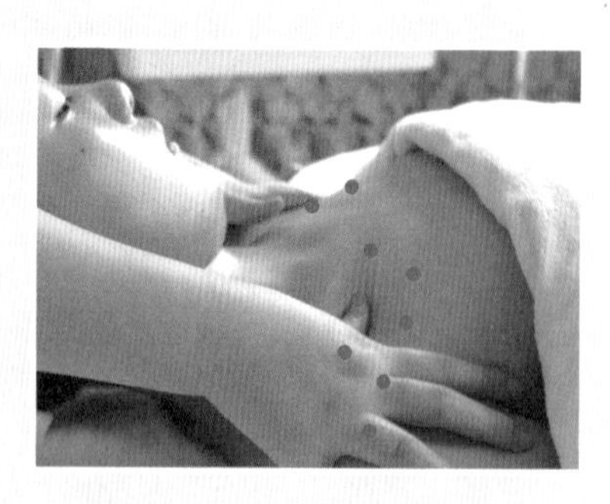
图3-1-15　拇指指弹胸骨

操作示范　图3-1-15　拇指指弹胸骨

操作说明　用双手拇指一上一下有节奏地，在胸前的第一、第二胸骨凹陷处做指压。

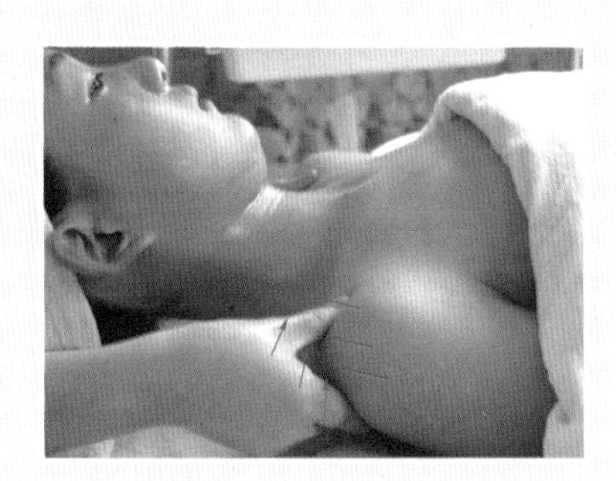

图3-1-16　拿捏肩臂

- **操作示范**　图3-1-16　拿捏肩臂
- **操作说明**　双手放于颈部两侧，拇指在肩前，其余四指放于肩后，用虎口卡住肩胛提肌，双手同时用力将肌肉捏起，再松开。

  从颈部两侧沿双肩至巨骨穴处拿捏，再沿原路返回，可重复进行三次。

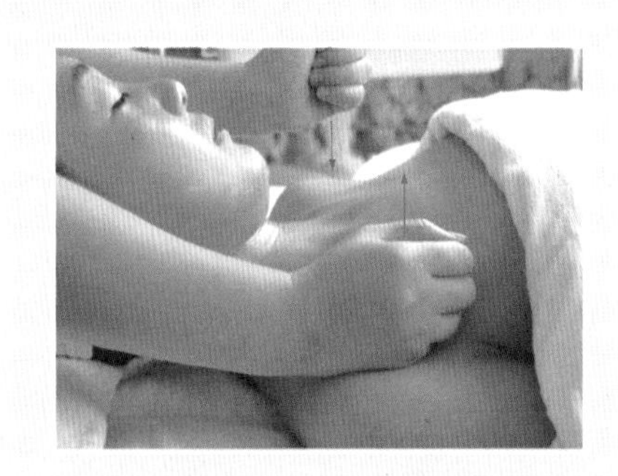

图3-1-17　叩击肩臂

- **操作示范**　图3-1-17　叩击肩臂
- **操作说明**　双手微握拳，拇指和小指略伸直，使整个手呈“马蹄”形，腕部放松，用拇指、小指和大小鱼际的外侧着力。

  双手交替抖腕，用爆发力叩击双肩，可反复叩击数次。

图3-1-18　拉抚肩部

- **操作示范**　图3-1-18　拉抚肩部
- **操作说明**　双手四指并拢，手心向下，指尖相对，全掌紧扣颈两侧，向下推抚至气舍穴。

  在上胸部，双手改为竖位两侧拉抚，抚至肩头后双手翻掌，绕过肩头至肩背部，沿肩形向上拉抚，最后止于风池穴，反复进行。

注意：前颈部护理动作要轻柔，不可用力过大；避免护理品弄脏顾客衣物。

三、前颈部按摩的常用穴位

在进行颈肩部护理美容按摩时，会涉及一些穴位的按摩，刺激这些穴位除具有一定的美容功效以外，还具有治病健身的功效。因此，作为专业美容师，了解这些方面的相关知识，并准确掌握这些美容护理常用穴位的取穴方法，将有助于正确处理一些相关的美容问题。下面是颈肩部按摩常用穴位的取穴方法及按摩功效。

前颈部按摩常用穴位

图3-1-19　廉泉穴

- **穴位名称**　图3-1-19　廉泉穴
- **定　　位**　廉泉穴归经于任脉。

  位置在颈部，当前正中线上，喉结上方，舌骨上缘凹陷处。
- **穴位功效**　主治：舌下肿痛、舌根急缩、舌纵涎出、舌强、中风失语、舌干口燥、口舌生疮。

  长时间按摩廉泉穴，对言语不清、口腔炎等症状，都有不错的治疗效果。

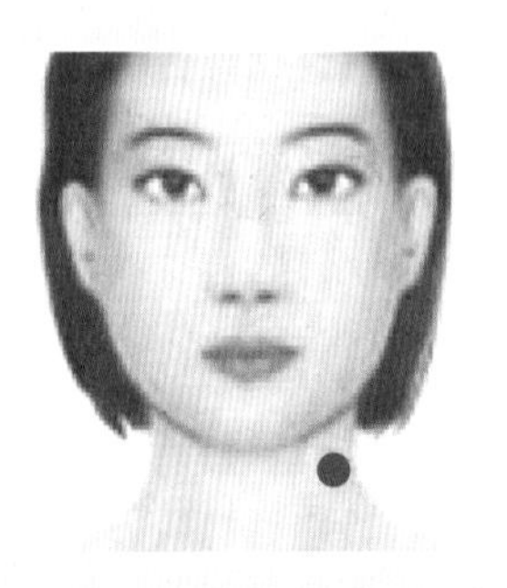

图3-1-20　人迎穴

- **穴位名称**　图3-1-20　人迎穴
- **定　　位**　属足阳明胃经。

  人迎穴位于颈部，喉结旁，胸锁乳突肌的前缘，颈总动脉搏动处。
- **穴位功效**　主治：咽喉肿痛、气喘、瘰疬、瘿气、高血压。

图3-1-21 水突穴

穴位名称 图3-1-21 水突穴

定　　位 属足阳明胃经。

水突穴位于颈部，胸锁乳突肌的前缘，人迎穴与气舍穴连线的中点。

穴位功效 主治：咽喉肿痛、咳嗽、气喘。

穴位名称 图3-1-22 天突穴

定　　位 天突穴属任脉。

位于颈部，当前正中线上，两锁骨中间，胸骨上窝中央。

穴位功效 主治：打嗝、咳嗽、呕吐、神经性呕吐、咽喉炎、扁桃体炎。

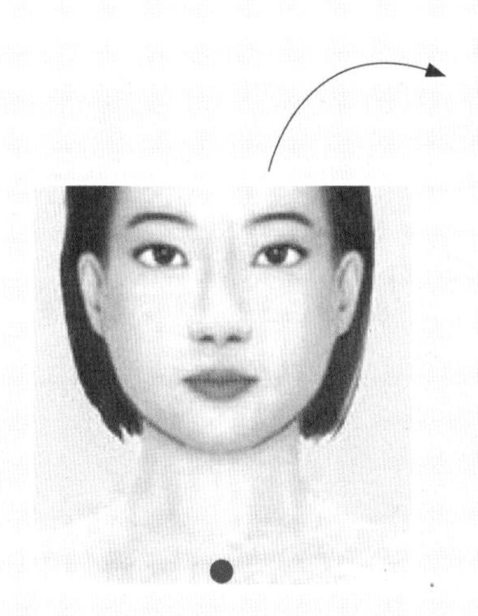
图3-1-22 天突穴

穴位名称 图3-1-23 气舍穴

定　　位 气舍穴为足阳明胃经上的主要穴道之一。

气舍穴在人迎穴直下，锁骨上缘，在胸锁乳突肌的胸骨头与锁骨头之间。

穴位功效 主治：咽喉肿痛、气喘、呃逆、瘿瘤、瘰疬、颈项强痛。

不停地打嗝时，可以利用指压法指压气舍穴，对止嗝非常有效。

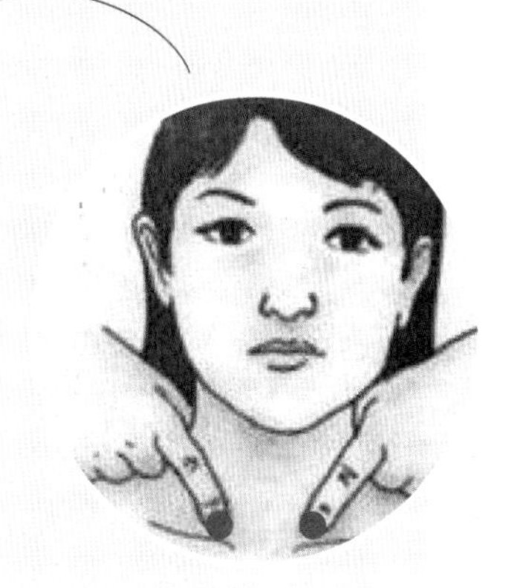
图3-1-23 气舍穴

图3-1-24　缺盆穴

- **穴位名称**　图3-1-24　缺盆穴
- **定　　位**　缺盆穴是足阳明胃经第十二个穴位。

  位于人体的锁骨上窝中央，距前正中线 4 寸。
- **穴位功效**　主治：咳嗽、气喘、咽喉肿痛、缺盆穴中痛、瘰疬。

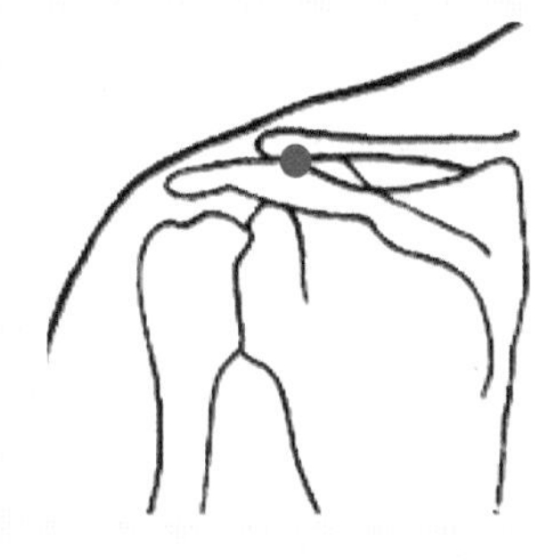

图3-1-25　巨骨穴

- **穴位名称**　图3-1-25　巨骨穴
- **定　　位**　归属于手阳明大肠经。

  在肩上部，当锁骨肩峰端与肩胛冈之间凹陷处。
- **穴位功效**　主治：肩臂挛痛不遂、瘰疬、瘿气。

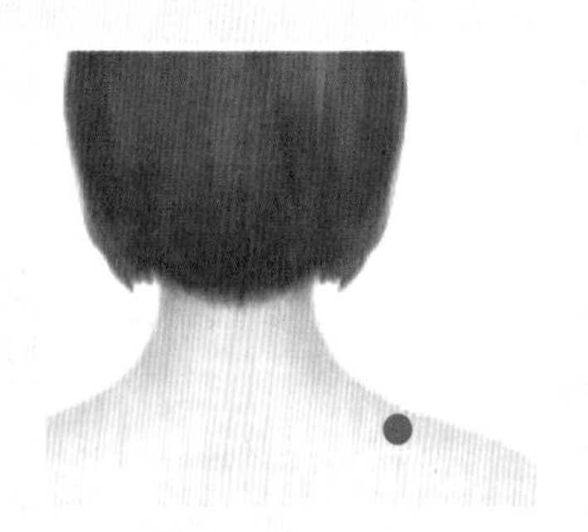

图3-1-26　肩井穴

- **穴位名称**　图3-1-26　肩井穴
- **定　　位**　属于足少阳胆经。

  此穴位于人体的肩上，前直乳中，当大椎与肩峰端连线的中点，即乳头正上方与肩线交接处。
- **穴位功效**　主治：肩背疼痛。

图3-1-27 肩髃穴

- **穴位名称** 图3-1-27 肩髃穴
- **定　　位** 归于手阳明大肠经。

  在肩部三角肌上部中点，肩峰与肱骨大结节之间，肩关节外展90°时，在肩峰凹陷处取穴。
- **穴位功效** 主治：上肢无力、麻木、肩臂疼痛、扭伤、颈椎病、皮痒起疹。

相关链接

颈部肌肉结构

颈部肌肉分颈浅肌和颈外侧肌、颈前肌、颈深肌，主要颈肌的起止点与作用见下表。

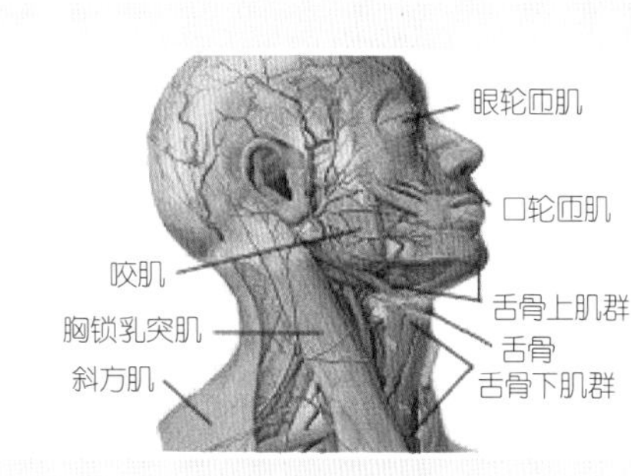

图3-1-28

主要颈部肌肉的起止点及作用

名　称	起　点	止　点	作　用
颈阔肌	三角肌、胸大肌筋膜	口角	紧致颈部皮肤，拉口角向下
胸锁乳突肌	胸骨柄、锁骨胸骨端	乳突	一侧收缩，头向同侧倾斜；两侧收缩则头向后仰
二腹肌	后腹起于乳突；前腹起于下颌骨体	舌骨	上提舌骨、下降颌骨
胸骨舌骨肌	胸骨	舌骨	下降舌骨

任务评价

以小组为单位，实施前颈部皮肤护理，并进行评比。

评价标准			分值	得分			
				学生自评	组间互评	教师评分	总分
1	程序	流程齐全	10				
		顺序正确	10				
2	护理品	护理品适合	10				
		护理品齐全	10				
3	手法	力度适中	10				
		频率、节奏适宜	20				
		点穴正确	10				
4	开始、结束工作	开始工作到位	10				
		收尾工作到位	10				

课后思考

一、判断题（下列判断正确的请打“√”，错误的打“×”）

1. 护理美容时，对一些穴位的按摩除了具有一定的美容功效外还有治病健身的功效。（　　）

2. 紧致颈部皮肤的肌肉是胸锁乳突肌。（　　）

3. 颈部皮肤不需要护理。（　　）

二、单项选择题（下列每题的选项中，只有一个是正确的，请将其代号填在横线空白处）

1. 位于颈部，当前正中线上，两锁骨中间，胸骨上窝中央的是________。

A. 天突穴　　B. 肩髃穴

C. 缺盆穴　　D. 气舍穴

2. 不停地打嗝时，可以利用指压法指压________，对止嗝非常有效。

A. 水突穴　　B. 肩髃穴

C. 缺盆穴　　D. 气舍穴

三、看图说话题

常言道："颈部是人的第二张脸，颈部保养和脸部保养要同步进行、同等对待，因为颈部肌肤的松弛、暗沉、年轮般的横向纹路，会非常明显地泄露你的年龄。"

请简述影响颈部美观的因素。

图3-1-29

四、社会调研题

人们都知道颈部皮肤保养很重要，但真正付诸行动的人很少。请调查身边20人，了解购买颈部护理产品的比例，涂抹护肤品时顺手涂在颈部的比例，经常做颈部护理的比例。

任务二　前颈部皮肤居家保养建议

颈部的构造不论皮沟或皮丘，都比脸上纹理来的复杂，加上横向纹理较多，容易形成“环状皱纹”，只要稍不留意，就很容易出现“火鸡脖”。

此外，颈部肌肤的胶原蛋白含量比脸部少，厚度只有脸部肌肤的三分之二，再加上颈部负责支撑头部，是人体转动的机制，经常性的扭转等激烈的动作，都会让弹性纤维的破坏加速，很容易弹力疲乏。加上外界环境影响，紫外线、温湿度变化，甚至不当的生活作息习惯也会使颈部产生细纹，如喜欢夹着话筒讲电话，经常低着头工作……这些不当的刺激都会加速颈纹的出现，这就需要我们和护理脸部肌肤一样重视和勤快地保养颈部皮肤。颈部皮肤的居家保养建议如下。

图3-2-1

第一，不要长期处于低头状态，比如，埋头伏案，一边用脖子夹着电话一边用手记录东西，等等。这会在无形中让颈部的皮肤处于折叠状态，久而久之，皮肤松弛，就会形成皱纹。（见图3-2-1）

第二，一有空闲，就可以做做按摩。脖子向后微微仰起，双手中指与食指并拢，手指稍稍用力，从下往上，将颈部的皮肤向上推送，一直重复做，持续 5 分钟左右。（见图3-2-2）

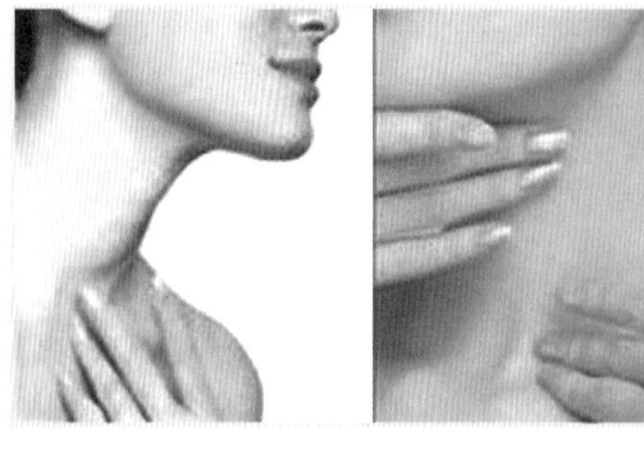

图3-2-2

第三，可以购买专门用于颈部肌肤护理的颈霜，如果觉得没有这个必要，也可以用面霜代替。每次洁面后，取适量护肤品抹在颈部，轻轻拍打，使肌肤充分吸收。然后再按照第二点中提到的手法进行轻柔的按摩。最好能选用具有抗皱效果的护肤品。（见图3-2-3）

图3-2-3

图3-2-4

第四，颈部的皮肤就像脸上、手上肌肤一样也害怕阳光中的紫外线，因而也需要防晒处理。出门前擦防晒霜的时候，千万别忘了脖子也要照顾到。（见图3-2-4）

第五，在气候干燥或是风沙较大的日子里，暴露在空气中的脖子也很容易缺失水分，变得干燥。建议随身携带补水液，不时地给颈部滋润一下。（见图3-2-5）

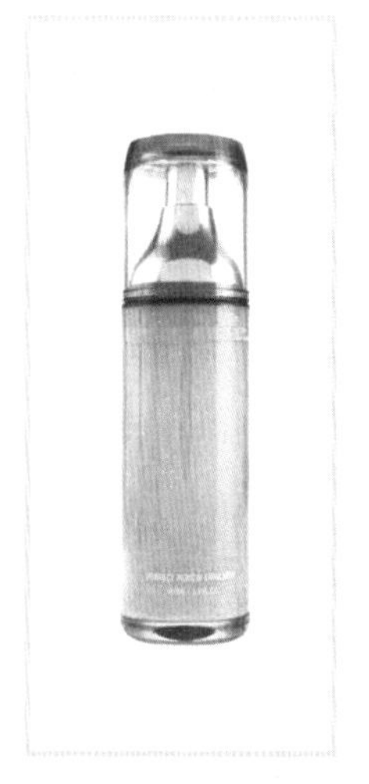

图3-2-5

第六，经常化妆的女性朋友可能会在打粉底、抹定妆液的时候将范围扩大到颈部，那么同样地，在卸妆的时候颈部的肌肤也需要仔仔细细地清洁彻底，不要让化妆品中的化学成分残留在颈部，加速肌肤的老化。（见图3-2-6）

第七，喜欢佩戴项链、挂饰的女性朋友也要注意，不要选过重的饰品。沉重的饰品会令颈部的肌肤下垂、松弛，形成一圈圈的皱纹，十分影响美观。（见图3-2-7）

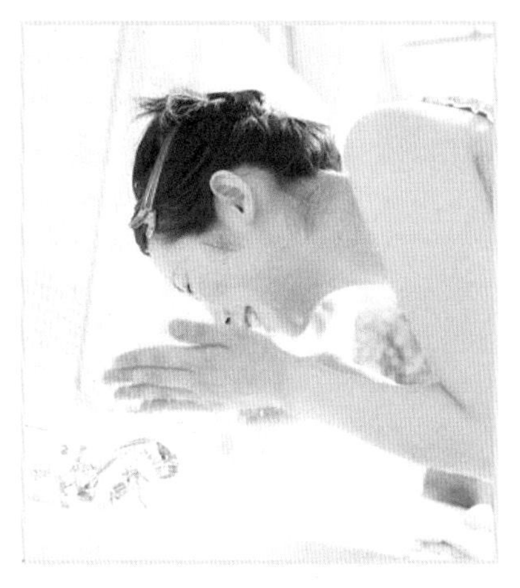

图3-2-6

图3-2-7

相关链接

勤做美颈操

对于学生、上班人士来说，长时间在室内坐着，人的颈部很容易疲劳，时间久了很容易患上颈椎疾病。下面教大家一套颈部伸展运动操，这套运动操非常简单，很容易学习，不仅可消除疲劳、提高工作效率，而且还可以预防颈部疾病，从而使人们保持健康的体魄。

第 1 步：坐在椅子上，双腿并拢，上身挺直，收腹，右手放在臀部下，左手扶住头部右侧，从右向左拉伸头部，直到颈部肌肉拉紧，保持姿势10秒，相反的方向做同样的动作，每个方向各做1～2次。（见图3-2-8）

第 2 步：右手依旧放在臀部下，收腹，左手向右方轻推头部，直到感觉颈部肌肉拉紧，保持姿势10秒，相反的方向做同样的动作，每个方向各做1～2次。（见图3-2-9）

第 3 步：双手自然下垂，放在身体两侧，身体不要晃动，头部尽量向下低，保持姿势10秒。（见图3-2-10）

第 4 步：双手自然下垂，放在身体两侧，身体不要晃动，头部尽量向上面观望，保持姿势10秒。（见图3-2-11）

第 5 步：双手自然下垂放在身体两侧，头部尽量向右转动，身体保持原来的姿势不要动，直至不能转为止，保持姿势10秒，相反的方向做同样的动作，每个方向各做1～2次。（见图3-2-12）

第 6 步：平稳坐在椅子上面，两臂水平伸直，右腿向外侧迈出一大步，将上身整体向右侧伸，右手接触到右脚部位，头部尽可能地向后倾

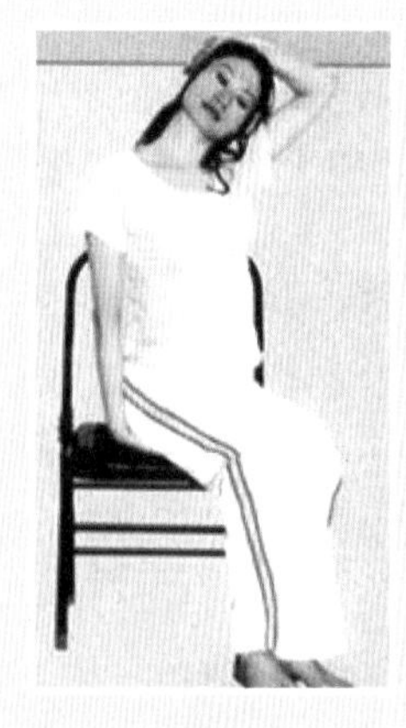

图3-2-8

图3-2-9

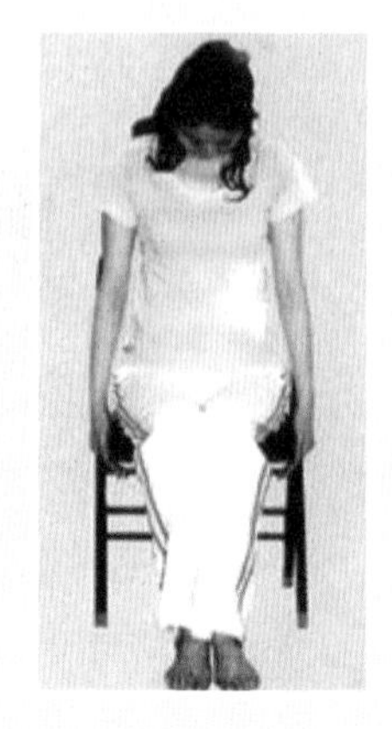

图3-2-10

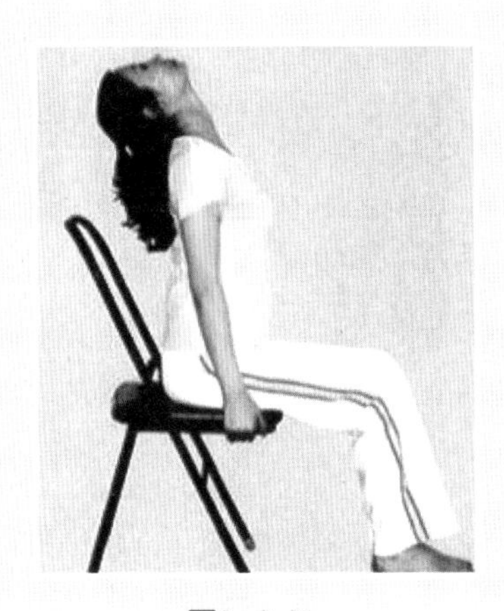
图3-2-11

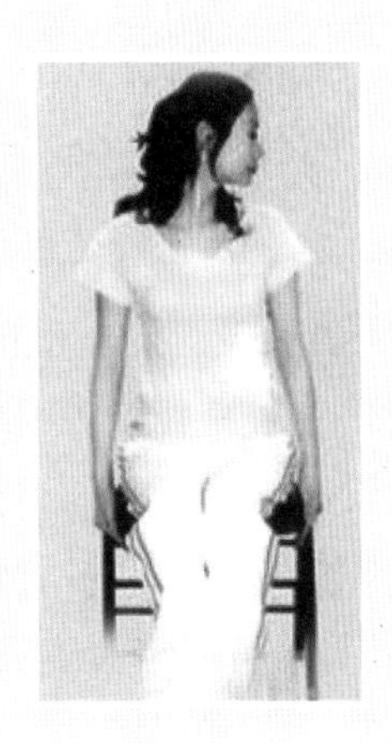
图3-2-12

斜，向上看。然后保持这个姿势，重复做3～4次。（见图3-2-13）

图3-2-13

这样这套动作全部完成，大家抓紧时间试试吧！

项目总结

人体的颈肩部皮肤因皮脂腺分布少，油脂分泌量极少，通常因缺乏水分及养分而显得干燥。在日常生活中，人们颈部的皮肤大多数时间是裸露在外的，是人体非常容易衰老的部位。因此，经常做颈肩部保养、护理，才能促进颈肩部皮肤的血液循环，促进新陈代谢，增强皮肤弹性，从而延缓衰老。

在本项目的学习中，同学们了解了颈部的特点，熟悉了颈部损美的成因，理解了前颈部护理与面部护理的联系与区别及其注意事项，掌握了前颈部操作程序及其美容保养的实际技巧。

掌握这一技能，对于美容师的职业技能是一种很好的提升。希望通过本项目的系统学习，结合教学实践，同学们能融会贯通，熟练掌握相关的操作技能。

项目反思

日期：　　年　月　日

项目四

面部损美性皮肤护理

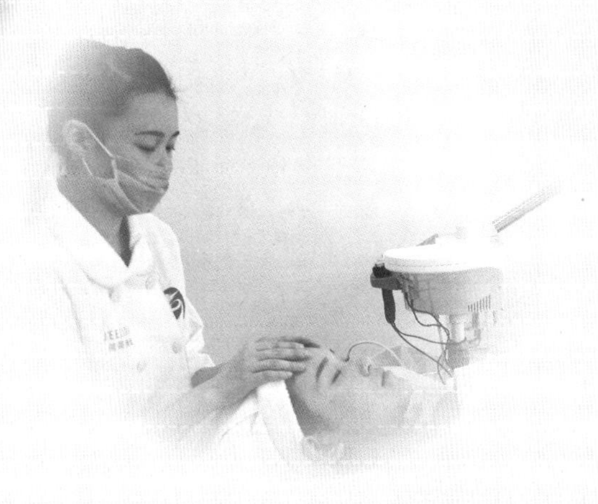

情境聚焦

在操作中，李瑛意识到，具有中性皮肤的顾客非常少，绝大多数顾客的面部都有一些问题，如色斑、痤疮、敏感，等等，只用普通型的护理流程来操作，效果不大。

李瑛请教美容课老师，老师解释说："生活美容所涉及的损美性皮肤（俗称问题性皮肤）问题主要有皮肤老化、色斑、痤疮、敏感、毛细血管扩张及晒伤等，处理这些损美性皮肤问题必须遵循'诊断为先'的原则，即先做出正确的诊断，然后对症下药，制订出特殊的护理方案，然后实施美容护理操作。"

这些特殊的损美性皮肤护理工作包括的内容如下。

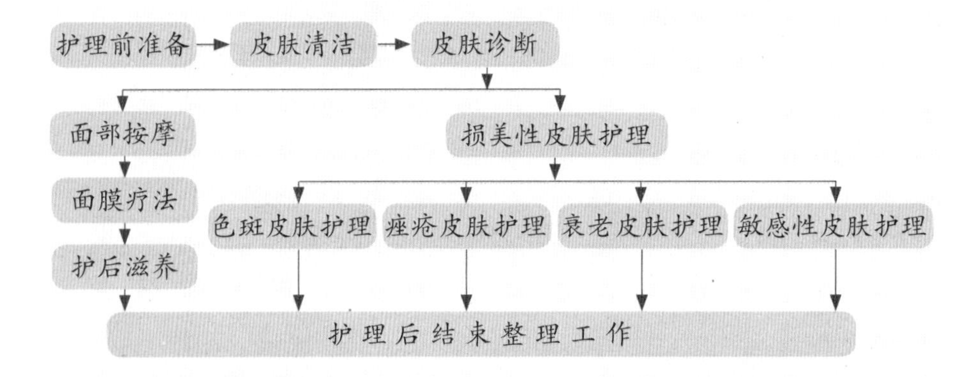

我们的目标是

- 熟悉损美性皮肤的特征、成因及护理方法

着手的任务是

- 掌握损美性皮肤护理的操作流程

任务实施中

任务一　色斑皮肤护理

一、色斑皮肤的分类

色斑皮肤分类

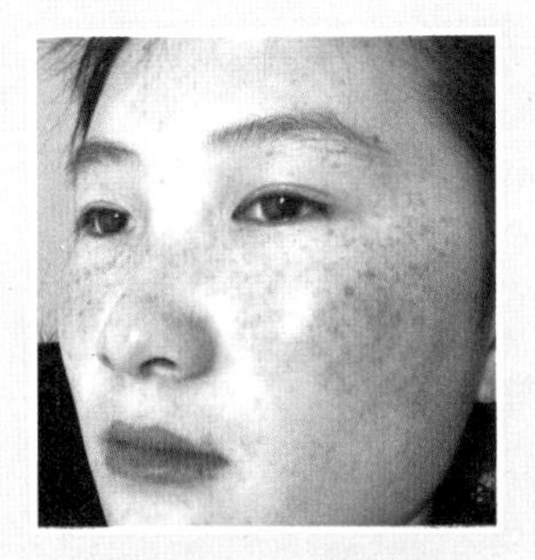

图4-1-1　雀斑

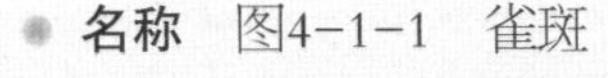

- **名称**　图4-1-1　雀斑
- **说明**　棕褐色或淡黑色芝麻大小的圆形或卵圆形斑点。

  表面光滑，不高出皮肤，不会感觉痒。

  多发于暴露部位，以面部居多，也可发于肩部。

  日晒后颜色加深，秋冬季变淡。

  雀斑常自5~7岁开始出现，青春期更加明显。

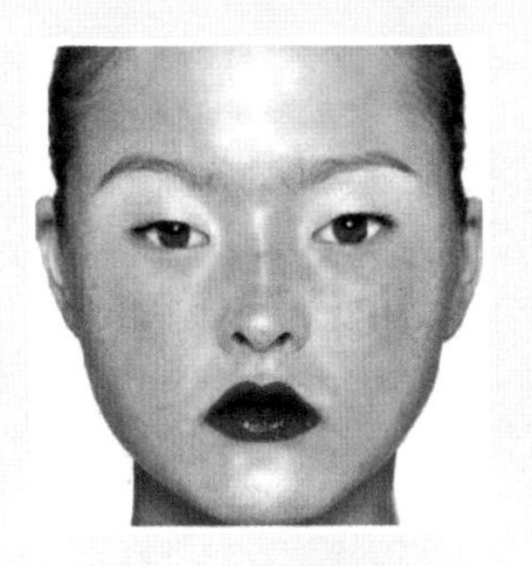

图4-1-2　黄褐斑

- **名称**　图4-1-2　黄褐斑
- **说明**　淡褐色的形状不规则的斑片。

  表面光滑，不高出皮肤，不会感觉痒。

  发于面部，对称分布，以颧、颊、额部皮肤多见。

  产生过程缓慢。

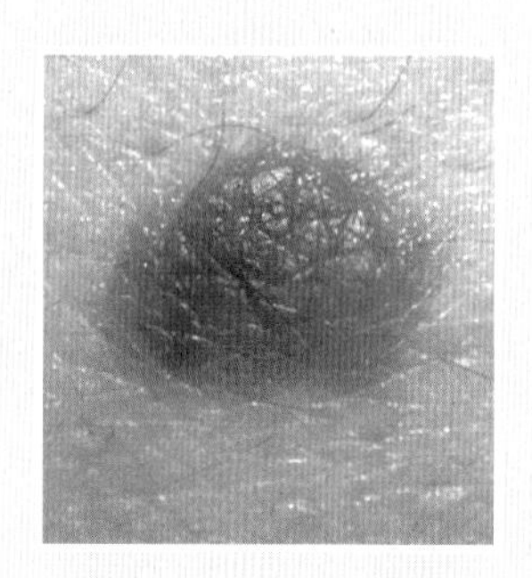

图4-1-3 色素痣

- **名称** 图4-1-3 色素痣
- **说明** 局限性的淡褐色、黑褐色或黑色斑疹。

  大小不等，形状不一。

  有些痣上有粗短黑毛（非色斑皮肤护理范围）。

图4-1-4 老年斑

- **名称** 图4-1-4 老年斑
- **说明** 数毫米或数厘米大小，淡褐色或黑褐色斑块。

  表面粗糙、呈乳头状的隆起斑块。

  常见于老年人的面部、手背等处。

二、色斑皮肤的护理程序

护理目的：

- 第一，加强按摩，促进新陈代谢，加速血液循环，帮助色斑淡化。
- 第二，利用美白祛斑产品，淡化色斑，抑制黑色素形成。
- 第三，保持皮肤充足的水分与油分，有利于皮肤状况的改善。

步骤	产品	工具、仪器	操作说明
面部清洁	可选择含有美白成分的洗面乳。例如，含有维生素C、熊果苷、芦荟、果酸等成分的洗面乳	洁面巾	彻底清洁并清洗干净

续表

步骤	产品	工具、仪器	操作说明
喷雾	无	喷雾仪	根据皮肤的油脂分泌情况和角质层的含水量选择喷雾的时间和距离，由于干性皮肤较常出现色斑，因此喷雾的时间和距离可参考干性皮肤进行
去角质	可选择去角质霜或去角质啫喱去除老化角质	无	此步骤可加速黑色素的代谢，并可促进祛斑精华素的吸收
仪器导入	美白祛斑精华素	超声波美容仪或阴阳电离子导入仪	利用超声波美容仪或阴阳电离子导入仪进行祛斑精华素的导入，采用低挡位，时间不超过10分钟，色斑部位不超过 2 分钟
面部按摩	可选择美白祛斑按摩膏，也可利用祛斑霜进行面部按摩	无	按摩手法要达到促进血液循环的目的，时间10～15分钟。亦可采用面部刮痧的方法
面膜	面膜可选择祛斑美白面膜、祛斑漂白底霜配合热倒膜或祛斑精华液调美白软膜粉等	常规	在适宜的时间后揭去面膜
护后滋养	爽肤：选择美白滋润爽肤水 润肤：可涂抹祛斑营养霜和防晒霜	无	无
家居护理计划	日常护理程序	净白水→眼霜→净白乳→净白精华→柔肤霜→BB霜	
	适合产品	有机净白系列、靓颜白皙系列	
	自我保养	①避免在紫外线下暴晒过久 ②注意皮肤保养，尤其是干性皮肤更要注意保湿滋润，促进皮肤新陈代谢 ③多吃富含维生素及钙质的食物，多吃碱性食物，如蔬菜、水果、食用菌类，有利于体质保持弱碱性 ④注意休息，不熬夜，防止精神过度紧张及疲劳 ⑤适当运动，促进血液循环，使皮肤吸收及排泄功能正常	

相关链接

黑色素与色斑

黑色素是动物皮肤或者毛发中存在的一种黑褐色的色素，由一种特殊的细胞即黑色素细胞生成并且储存在其中。正是由于黑色素的存在，皮肤才有了颜色。一旦黑色素在某种原因下不能形成，也就造成了色素脱失，从而形成了白斑。

存在于皮肤基底层的细胞中的不是真正意义上的黑色素，而是一种“黑色素原生物质”，即“黑色素细胞”，黑色素细胞分泌黑色素。当紫外线照射到皮肤上，肌肤就会处于“自我防护”的状态，激活酪氨酸酶的活性，来保护我们的皮肤细胞。酪氨酸酶与血液中的酪氨酸反应，生成一种叫“多巴”的物质。多巴其实就是黑色素的前身，经酪氨酸氧化而成，释放出黑色素。黑色素又经由细胞代谢的层层移动，到达肌肤表皮层，形成雀斑、晒斑、黑斑等。色斑形成过程如图4-1-5所示。

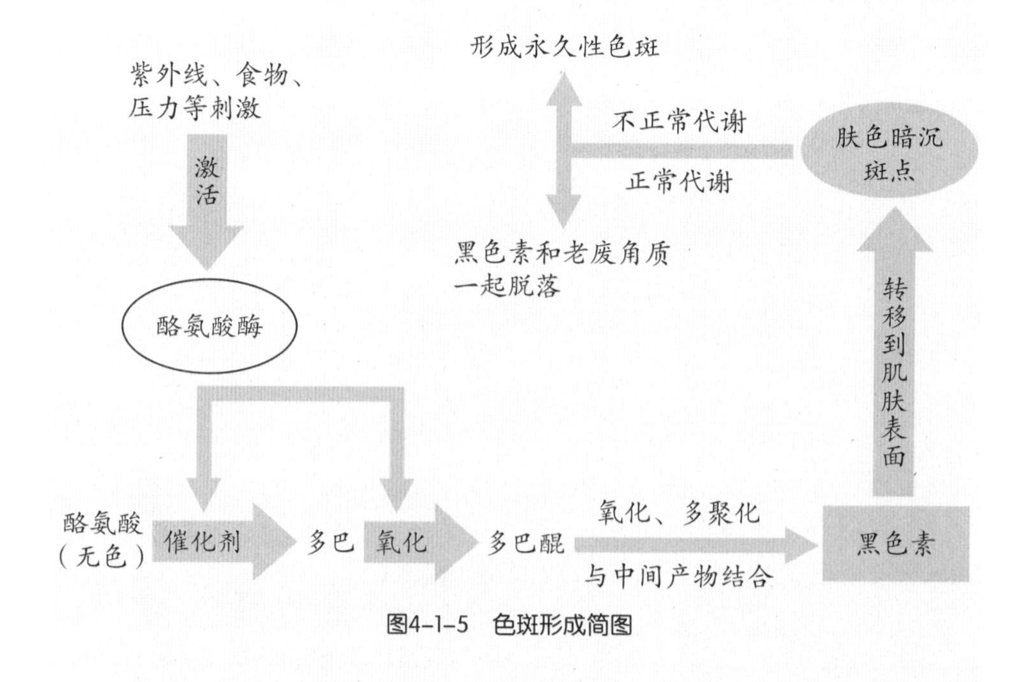

图4-1-5 色斑形成简图

任务评价

以小组为单位，制订并撰写色斑皮肤护理程序，并进行评比。

评 价 标 准		分值	得 分			
			学生自评	组间互评	教师评分	总分
1	字迹清楚端正	20				
2	操作步骤完备	40				
3	家庭护理计划科学	40				

课后思考

一、判断题（下列判断正确的请打“√”，错误的打“×”）

1. 色斑形成的因素大致分为内因与外因两大类。（　　）

2. 色斑皮肤护理原则：首先是祛除皮肤表面已形成的各种斑，然后是阻断色斑形成的机制。（　　）

3. 黑色素其实是一种蛋白质，在每个人的体内都有，正是由于黑色素的存在，皮肤才有了颜色。（　　）

4. 黄褐斑常自5～7岁开始出现，青春期更加明显。（　　）

5. 雀斑只会发在人的面部。（　　）

6. 多巴其实就是黑色素的前身，经酪氨酸氧化而成，释放出黑色素。（　　）

7. 加强色斑皮肤按摩，可促进新陈代谢，加速血液循环，帮助色斑淡化。（　　）

二、单项选择题（下列每题的选项中，只有一个是正确的，请将其代号填在横线空白处）

1. 色斑皮肤在做面部按摩时，可选择 ________ 按摩膏。

A. 美白按摩膏　　B. 控油按摩膏

C. 防敏按摩膏　　D. 除皱按摩膏

2. 不是色斑皮肤护理范围的是 ________。

A. 雀斑　　B. 黄褐斑

C. 色素痣　　D. 老年斑

三、看图说话题

看图说说面部色斑与身体症状的对应关系。

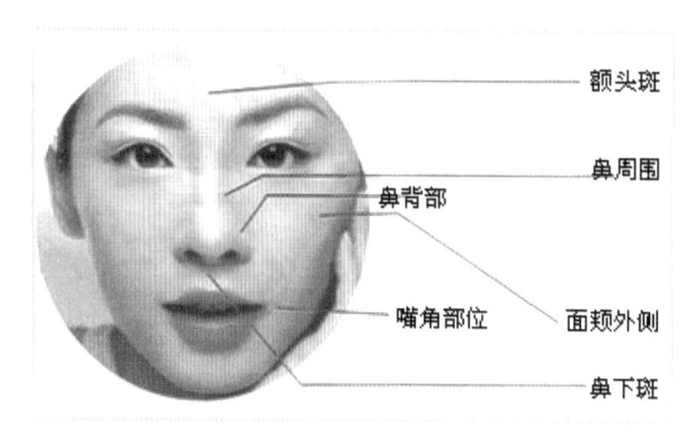

图4–1–6

任务二　痤疮皮肤护理

一、痤疮的分类

痤疮的分类

- **痤疮分类**　图4-2-1　粉刺型痤疮
- **解　　释**　白头粉刺：又称白头，为闭合性粉刺。因毛囊口被角质细胞覆盖，皮脂不能顺畅排出，堆积于毛囊内，与角化细胞混合，形成皮脂栓——白头粉刺，表现为米粒大小半球形白色小皮疹、较硬，早期无自觉症状。

  黑头粉刺：又称黑头，为开放性粉刺。多由白头粉刺发展而来，即皮脂栓顶端表面，经空气氧化和外界灰尘污染，角化细胞混合，形成黑色脂栓——黑头粉刺，表现为明显扩大的毛孔中有黑色皮疹，可挤出黄白色脂栓。

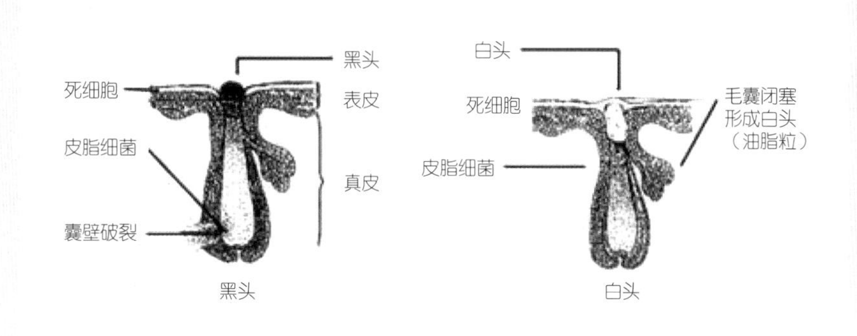

图4-2-1　粉刺型痤疮

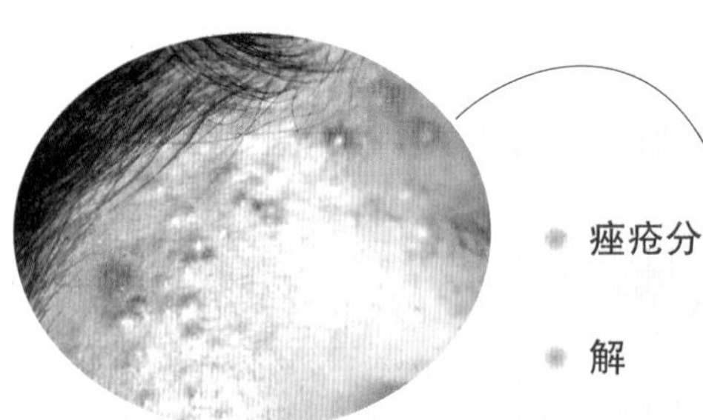

图4-2-2　脓疱型痤疮

- **痤疮分类**　图4-2-2　脓疱型痤疮
- **解　　释**　当白头粉刺或黑头粉刺未及时清除时，由于细菌的大量繁殖，表面皮肤的不洁净，造成感染面积扩大，局部出现脓性分泌物。此时，已有明显的自觉症状，肿胀、疼痛。粉刺在毛囊顶部形成破溃，可挤出脓血。若处理不干净则可因反复感染形成囊肿。

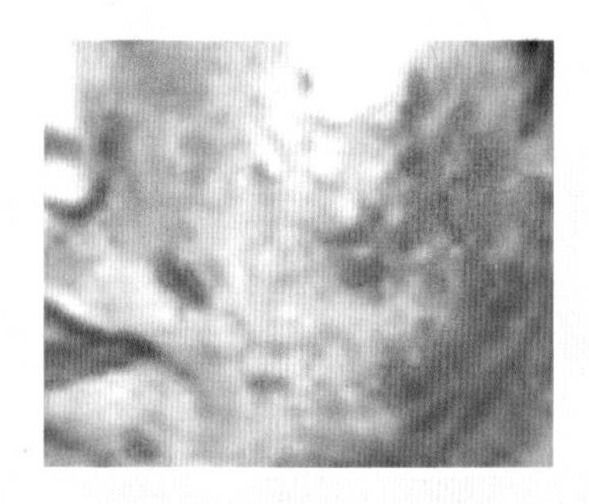

图4-2-3　囊肿型痤疮

- **痤疮分类**　图4-2-3　囊肿型痤疮
- **解　　释**　脓疱若清除不及时、不彻底，残留的部位易形成反复感染，或炎症严重时造成皮脂腺囊肿，化脓破溃后会留疤痕。平时皮肤表面皮疹不明显，只是用手可触到皮下有囊性物（深部肿痛，按之有移动感）。当有炎症时，可形成红色大痤疮囊性丘疹。此时的感染不易愈合、病程长，且反复发作。

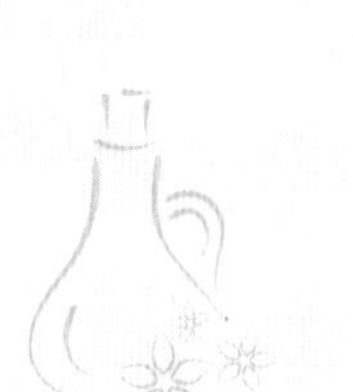

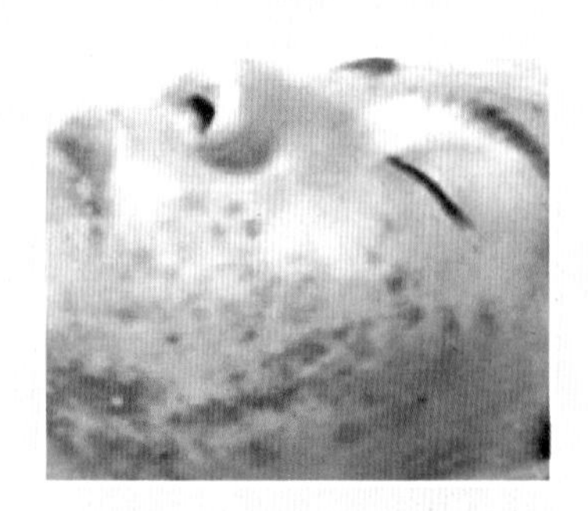

图4-2-4　结节型痤疮

- **痤疮分类**　图4-2-4　结节型痤疮
- **解　　释**　此型炎症已深入毛囊根部，脓肿造成毛囊壁的破溃，毛囊的内容物及痤疮杆菌、脓性分泌物，流入真皮层，造成真皮层感染，出现凹陷状萎缩性疤痕，非常容易产生永久性疤痕，对患者面部美观影响很大。

二、痤疮皮肤的护理程序

护理目的：

- 第一，清洁皮肤，去除表皮的坏死细胞，减少油脂分泌，保持毛孔通畅。
- 第二，及时清除黑头、白头粉刺。
- 第三，对已经发炎的皮肤进行消炎杀菌。

步　骤	产　　品	工具、仪器	操 作 说 明
面部清洁	油性洗面凝胶	常规	需选择具有镇静、消炎功能的洗面乳进行清洁
喷雾	无	喷雾仪或冷喷仪	可选择冷喷，达到镇静皮肤、防止感染的目的，时间不超过 5 分钟
去角质	去角质啫喱	无	暗疮不严重而又需去角质者，避开暗疮部位做局部去角质。暗疮严重者禁止面部去角质
针清	无	暗疮针、酒精棉球	使用暗疮针对暗疮部位进行清理治疗(每次至多清理 8 颗)
高频电疗	无	高频电疗仪、纱布	用高频电疗仪对暗疮部位进行火花式治疗，帮助伤口消炎、杀菌收敛
面部按摩	清爽型消炎、镇静按摩膏	无	有轻微暗疮者，可使用具有消炎、镇静作用的按摩膏进行5～10分钟的面部按摩。暗疮严重者禁止面部按摩
面膜	敷暗疮冷冻面膜或涂暗疮底霜倒冷膜	常规	调理期可每周进行2～3次，巩固期可每周进行 1 次
护后滋养	爽肤：喷暗疮收缩水或具有消炎、镇静、平衡油脂分泌的爽肤水 润肤：暗疮处涂暗疮消炎膏或暗疮收口膏，面部其他部位可涂平衡调理霜	无	起到消炎、镇静、平衡油脂分泌，收缩创口的作用
家居	日常护理程序	洁面泡沫→祛痘精华→眼霜→祛痘凝露→祛痘柔肤霜→塑颜遮瑕BB霜	
护理	适用产品	有机祛痘系列、靓颜祛痘系列	
计划	自我保养	①保持面部清洁，及时清洗、除去过多的油脂，以免淤积，形成暗疮 ②选用弱碱性洗面香皂或清洁霜等去除脂溶性污垢 ③擦脸时，应用干净、棉质毛巾压抹，不能搓擦 ④不可随便用手挤暗疮，避免感染 ⑤注意饮食，少食含脂肪、糖类较多及刺激性较强的食品	

重点突破

针清暗疮方法和注意事项

医生及美容师一般都不赞成病人自行用针清方法处理暗疮，因为如果处理不当，会令毛孔受损害，留下永久性的疤痕。初期发炎的暗疮都不需要用针清方法，除非暗疮已成熟，即有明显白色的脓头在皮肤表皮上，才可以用针清方法。针清时必须手定，下针时必须准确，切勿手软，否则可能有严重后果。针清注意事项如下。

①针清前必须清洁面部，清除表面油脂，将毛孔扩开。

②暗疮针必须事先加热消毒，针放在100℃沸水中约 5 分钟，取出后再用酒精消毒。

③暗疮患处的水宜用毛巾轻轻擦干。

④暗疮针45° 斜放在暗疮患处，在有脓的患处轻轻一刺。

⑤两手食指用纸巾包裹着，放在暗疮口旁轻力挤压。

⑥将脓挤出之后，应立即停止挤压。

⑦用棉花棒蘸上茶树精油等含杀菌成分的化妆水，涂在伤口处。

⑧最后，涂消炎用的暗疮药。

任务评价

以小组为单位，制订并撰写痤疮皮肤护理程序，并进行评比。

评价标准		分值	得分			
			学生自评	组间互评	教师评分	总分
1	字迹清楚端正	20				
2	操作步骤完备	40				
3	家庭护理计划科学	40				

课后思考

一、判断题（下列判断正确的请打“√”，错误的打“×”）

1. 痤疮多发于干性皮肤，与皮肤深层清洁不够关系密切。（　　）

2. 根据痤疮的不同病理表现可将痤疮分为多种类型。（　　）

3. 痤疮性皮肤应选用弱酸性洗面香皂去除脂溶性污垢。（　　）

4. 暗疮严重的皮肤应加强面部按摩。（　　）

5. 暗疮皮肤需加强去角质，无须避开暗疮部位。（　　）

二、单项选择题（下列每题的选项中，只有一个是正确的，请将其代号填在横线空白处）

1. 俗称白头或黑头，属于________。

A. 粉刺型痤疮　　B. 结节型痤

C. 囊肿型痤疮　　D. 脓疱型痤疮

2. 针清时把粉刺针斜置于青春痘上，保持________角，由轻到重用力。

A. 0°　　B. 10°

C. 45°　　D. 90°

三、看图说话题

看图4-2-5，说说黑头形成原因。

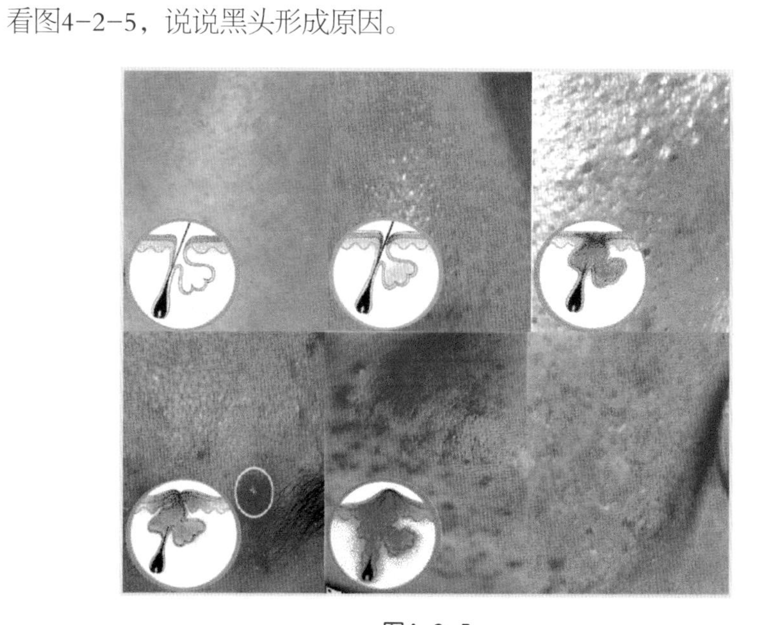

图4-2-5

任务三　衰老皮肤护理

一、各年龄阶段皱纹的分类

除了通过肌肤上的变化能看出一个人的年纪，还有一个最容易暴露年纪的就是皱纹。岁月流逝，都在脸部、颈部深深地刻画出痕迹。下面，了解不同年龄面部皱纹的情况。

各年龄阶段皱纹的分类

图4-3-1　体位性皱纹

- **名　　称**　图4-3-1　体位性皱纹
- **出现年龄**　20～25岁
- **表　　现**　如颈部的皱纹，为了颈部能自由活动，此处的皮肤会较为充裕、自然形成一些皱纹，甚至刚出生就有。早期的体位性皱纹不表示老化，只有逐渐加深、加重的皱纹才是皮肤老化的象征。

- **名　　称**　图4-3-2　动力性皱纹
- **出现年龄**　25～35岁
- **表　　现**　动力性皱纹是由于表情肌的长期收缩所致。早期只有表情收缩，皱纹才出现，后期表情不收缩，动力性皱纹亦不减少。如长期额肌收缩产生前额横纹，在青年即可出现，又如鱼尾纹是由于眼轮匝肌的收缩作用所致，笑时尤甚，也称笑纹。

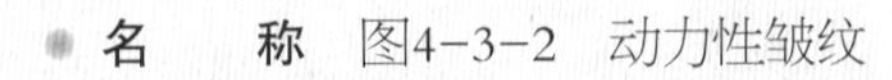

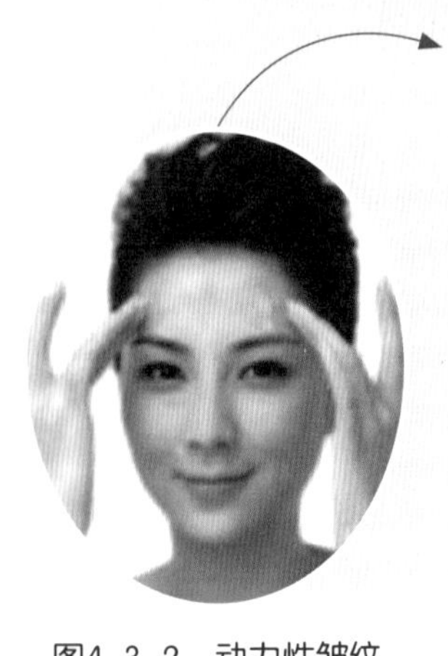

图4-3-2　动力性皱纹

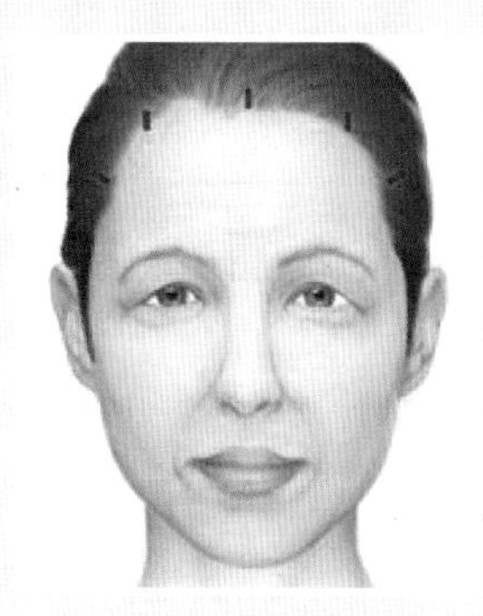
图4-3-3 重力性皱纹

- **名　　称** 图4-3-3 重力性皱纹
- **出现年龄** 45岁左右
- **表　　现** 重力性皱纹是在皮肤及其深面软组织松弛的基础上，由于重力作用而形成的皱纹。重力性皱纹多分布在眶周、颧弓、下颌区和颈部。

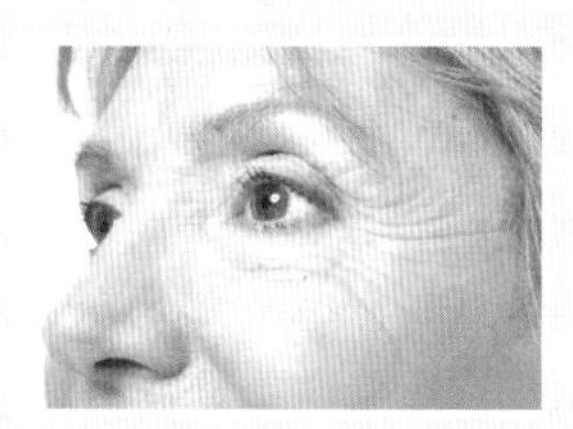
图4-3-4 老化性皱纹

- **名　　称** 图4-3-4 老化性皱纹
- **出现年龄** 55岁以后
- **表　　现** 老化性皱纹是由皮肤的弹性纤维和胶原纤维功能改变或断裂而引起的，皮肤的韧性和弹性降低而产生的具有稳定性的皱纹，手摸时有些凹凸感。

二、衰老皮肤的护理程序

护理目的：

- ●第一，加强深层按摩，促进血液循环，促进新陈代谢。
- ●第二，加强按摩，刺激皮脂腺分泌，保持皮肤滋润，保持面部肌肉紧实，保持皮肤弹性。
- ●第三，补充水分、油分、高营养物质、生长因子，激发活力，延缓衰老。

步　骤	产　　品	工具、仪器	操　作　说　明
面部清洁	保湿柔肤洁面乳	常规	选择滋润轻柔的洗面乳进行面部清洁，避免使用泡沫型的洁面膏，防止过度清洁而使皮肤脱水

续表

步　骤	产　品	工具、仪器	操作说明
喷雾	无	喷雾仪	选择热喷护理，可达到补充皮肤水分、舒展皱纹的作用，时间可控制在10分钟左右，禁止使用冷喷和奥桑喷雾
去角质	瞬间去角质凝胶	常规	由于衰老皮肤的角质层含水量下降，皮肤的新陈代谢减慢，因此需选择去角质啫喱进行去角质处理，在去除老化角质的同时可以给皮肤补充水分
仪器导入	活细胞精华素、保湿精华素	超声波美容仪	利用超声波美容仪导入具有补水去皱、淡化色素等作用的精华素
面部按摩	滋润按摩膏、活性精华素	徒手按摩或超微电脑除皱机按摩	选择滋润性强的按摩膏或晚霜，可增加面部按摩时间，提高皮肤的温度，促进血液循环，补充皮肤的氧气和养分
面膜	骨胶原面膜、补水去皱软膜、巴拿芬蜡膜等	常规	为提高皮肤的弹性和滋润度，可用高效滋润面膜打底，再热膜15～20分钟，包括使用眼膜、颈膜、唇膜
护后滋养	爽肤：使用保湿滋润性的柔肤水 润肤：选择滋润性的润肤乳或霜	无	无
家居护理计划	日常护理程序	保湿水→眼霜→保湿乳→高保湿精华→高保湿霜→BB霜	
	适合产品	有机保湿系列、有机高保湿系列、靓颜滋润系列	
	自我保养	①保持充足的睡眠时间，保证睡眠质量，忌熬夜 ②临睡前少喝水，以免面部出现浮肿症状 ③多吃胡萝卜、番茄、动物肝脏、豆类等富含蛋白质和维生素A的食物，保持营养均衡 ④注意防晒 ⑤选用弱酸性洗面用品，以免皮肤过于干燥而过早出现皱纹 ⑥皮肤护理注意保湿、滋润	

重点突破

面颈部肌肉的生理结构与皱纹走向

1. 额肌

额肌的上面是颅顶肌，向下附着在鼻部的上端和两侧以及眶上缘的皮肤。额肌的肌肉纤维运动方向是上下的，外表皱纹的生成方向与肌肉的生长方向成垂直关系，因此额部的皱纹是略带波纹的横行纹。

2. 颞肌

自颞窝始，下延伸至颧骨内侧，咀嚼或说话时活动最多。

3. 皱眉肌

位于眉间两旁的骨面上，各自左右与额肌、眼轮匝肌相交错，附着于眉及眉毛中部的皮下。皱眉肌活动频繁致使眉间形成皱纹，皱纹是竖形的，形似“川”字。

4. 降眉间肌

起于鼻骨下部，向上附着于鼻根与眉间的皮肤。此肌肉主要与皱眉肌联合行动，使眉收缩下降，在鼻根处挤出一条或数条横纹。

5. 眼轮匝肌

在眼眶周围，肌肉纹理沿眼眶绕圈。肌肉扁薄，作用是开闭眼睛，辅助表情。由于眼部运动比较多，且表情变化大，眼部周围随着年龄增加，会产生皱纹。皱纹方向与眼轮匝肌方向垂直，呈放射状。

6. 鼻肌

分横部、翼部、中隔部三部分。横部走向鼻梁皮肤，左右相接于鼻梁

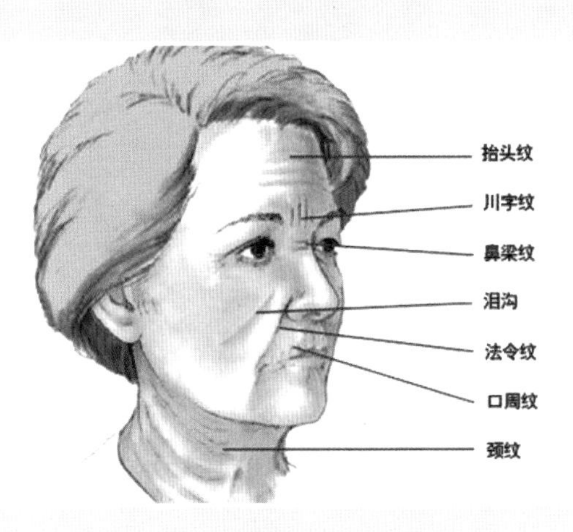

图4-3-5　面颈部皱纹种类及走向

部；翼部走向鼻翼附着于皮肤；中隔部附着于附近的皮肤。鼻肌是不发达的肌肉，在鼻部于鼻梁方向十字相交。因此，鼻的皱纹是与鼻梁平行的。

7. 颧大肌

起于颧弓前，在提上唇肌外方，斜牵于颧丘和口角之间，收缩时颊部形成弓形沟纹。

8. 提上唇肌

上端分三个头：起于内眼角与鼻梁之间的骨面上的叫肉眦头；起于眶下缘的叫眶下头；起于颧丘内斜下方颧骨骨面上的叫颧骨头。三头向下合为一股，附着在鼻翼旁的鼻唇沟皮肤，一部分与口轮匝肌相连。

9. 笑肌

为微笑时所运用的肌肉，位于口两侧，各有一块。

10. 降下唇肌

起于下颏两旁的下颌边缘，向上斜行，附着于下唇皮肤及黏膜内。

11. 咬肌

咬肌是长方形的浅层肌肉，生于颧弓以下的颊部侧面。上面起于颧弓前半段骨面上，主要起咀嚼作用。

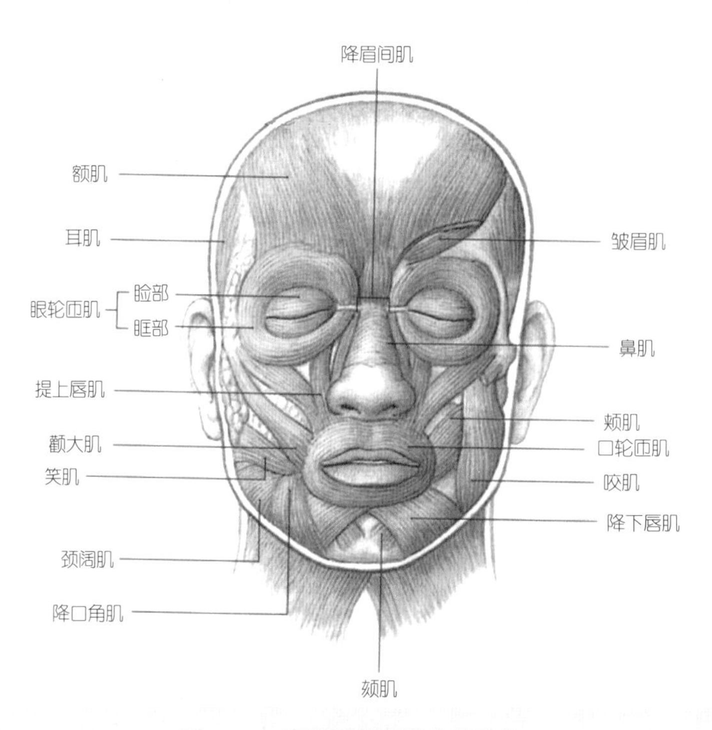

图4-3-6 面颈部肌肉的生理结构

相关链接

光子嫩肤

旧金山著名的皮肤激光治疗医生比特，在进行了大量的研究后发现，脱毛治疗后的皮肤年轻化的现象并不是偶然现象，而是皮肤结构真的由于激光的照射发生了质的变化从而让人显得年轻起来，并发现激光并不是最理想的光源，强光才是最合适的光源。于是，他发明了一种利用脉冲强光（intensive pulse light，IPL）来治疗皮肤老化的方法，经过大约 5 次的照射后，皮肤结构就明显改变了：皮肤的弹性增强不再松弛了，皮肤的色素斑也消失了，细小的皱纹也开始消退了。

其综合的结果是使人年轻漂亮了。这一治疗技术开始应用以后，立刻受到好莱坞电影明星们的青睐，他们纷纷从洛杉矶飞往旧金山比特医生的诊所来接受这种神奇的治疗。当然他们也给这种治疗起了一个非常有意思的名字：photo rejuvenation。意思就是光使人返老还童。虽然是这样说，但是并不代表它就有返老还童的力量，我们只是用这种方式来说明这种光子嫩肤的技术非凡。

总的来说，光子嫩肤实际上就是利用脉冲强光对皮肤进行一种带有美容性质的治疗，其功能是消除或减淡皮肤各种色素斑，增强皮肤弹性，消除细小皱纹，改善面部毛细血管扩张、面部毛孔粗大、皮肤粗糙、皮肤发黄等状况。现今，IPL的升级版平滑修复光热技术（具有修复、保养、治疗等功能，且后期效果持久）在光子嫩肤中应用更广。

任务评价

以小组为单位，制订并撰写衰老皮肤护理程序，并进行评比。

评价标准		分值	得分			
			学生自评	组间互评	教师评分	总分
1	字迹清楚端正	20				
2	操作步骤完备	40				
3	家庭护理计划科学	40				

课后思考

一、判断题（下列判断正确的请打"√"，错误的打"×"）

1. 皮肤衰老是一种不可逆的人体发展过程，我们无法真正的阻止这一活动的继续，但却可以想办法延缓和推迟衰老现象的到来。（　　）

2. 为提高衰老皮肤的弹性和滋润度，在选择面膜时可考虑骨胶原面膜、补水去皱软膜、巴拿芬蜡膜等。（　　）

3. 干性皮肤应选用弱碱性洗面用品，以免皮肤过于干燥而过早出现皱纹。（　　）

4. 老化性皱纹摸上去没有明显的凹凸感。（　　）

5. 光子嫩肤实际上就是利用脉冲强光（intensive pulse light，IPL）对皮肤进行一种带有美容性质的治疗。（　　）

二、单项选择题（下列每题的选项中，只有一个是正确的，请将其代号填在横线空白处）

1. 笑纹属于 ________。

A. 体位性皱纹　　B. 动力性皱纹

C. 重力性皱纹　　D. 老化性皱纹

2. 年轻人的颈纹属于 ________。

A. 体位性皱纹　　B. 动力性皱纹

C. 重力性皱纹　　D. 老化性皱纹

3. 由于 ________ 活动频繁而使眉间形成的皱纹是竖形的，形似"川"字。

A. 额肌　　B. 口轮匝肌

C. 皱眉肌　　D. 咬肌

三、看图说话题

李瑛想与妈妈聊聊如何防止皮肤老化的问题，请帮助她整理话术。

图4-3-7

任务四 敏感皮肤护理

一、敏感肌肤类型

类　型	症 状 说 明
干燥性敏感肌肤	无论什么季节，肌肤总是干巴巴且粗糙不平，一搽上化妆水就会感到刺痛、发痒，有时会红肿，有这几种症状的属于干燥性敏感肌肤。肌肤过敏的原因是肤质干燥，导致防护机能降低，只要去除多余的皮脂并充分保湿即可。
油脂性敏感肌肤	脸上易冒出痘痘，经常会红肿、发炎，就连脸颊等易干燥部位也会长痘痘，专家称有这些症状的应属于油性敏感肌肤。敏感原因为过剩附着的皮脂及水分不足引起肌肤防护机能降低，只要去除多余的皮脂并充分保湿即可。
压力性敏感肌肤	季节交替及生理期前，化妆保养品就会变得不适用，只要睡眠不足或压力大，肌肤就会变得干巴巴，有这几种症状的应属于压力性敏感肌肤。原因在于各种外来刺激或荷尔蒙分泌失调引起内分泌紊乱。
永久性敏感肌肤	永久性敏感肌肤容易出现泛红现象，鼻头周围及脸部会出现一条条红色的血丝，并伴随发痒、皮肤粗糙甚至脱皮等。

二、敏感皮肤的护理程序

护理原则：

- 第一，总体原则是避免刺激，安抚、镇定肌肤。
- 第二，控制皮肤的过敏症状，修复受损皮肤。
- 第三，消除肌肤敏感状态，对容易过敏的皮肤通过护理增强皮肤抵抗力。

步 骤	产　品	工具、仪器	操 作 说 明
浅层清洁	防敏洗面乳或只用温水	常规	选择性质温和、滋润的洗面乳进行面部清洁，避免使用碱性的洁面产品，否则皮肤容易产生脱水或敏感现象

续表

步骤	产品	工具、仪器	操作说明
喷雾	无	喷雾仪或冷喷仪	已经过敏的皮肤禁止使用热喷，可选择具有镇静安抚、补充皮肤水分的冷喷仪。时间8～10分钟
去角质	温润去角质啫哩	无	由于敏感性皮肤的表皮较薄，皮肤较敏感，因此需选择性质温和、刺激性小的去角质啫哩进行去角质处理，并遵循皮肤的新陈代谢周期，28天或一个月做一次深层清洁护理
导入	温润精华素	超声波美容仪	利用超声波美容仪导入具有补水、舒缓作用的精华素
面部按摩	防敏按摩膏	无	可选择性质温和、滋润性强的按摩膏或按摩啫哩按摩，手法多选择大面积安抚，手法宜轻不宜重，在滑动过程中尽量避免对皮肤过多的牵拉
冷喷	无	喷雾仪或冷喷仪	在敷面膜前再次镇静皮肤、补充皮肤水分
面膜	舒缓啫哩面膜	无	为增加皮肤的含水量，提高皮肤的抵抗力，可选择补水类软膜
护后滋养	爽肤：使用保湿滋润性的柔肤水 润肤：选择具有滋润皮肤的润肤乳或霜	无	无
家居护理计划	日常护理程序	柔肤水→眼霜→柔肤乳→柔肤霜	
	适用产品	有机轻柔柔肤系列	
	自我保养	1. 清洁 水温：注意水温不能太冷也不能太热，温度最好控制在36℃左右 水质：选择对皮肤没有负面影响的软水 产品：禁止使用强碱、强刺激性的产品，选择性质温和的产品 2. 注意皮肤保湿 3. 注意防晒	

相关链接

过敏的肌肤与敏感的肌肤

过敏的肌肤：是由外界致敏物质与体内抗体结合的变态反应引起的皮炎症状。过敏的皮肤是指已经产生过敏症状的皮肤。

敏感的肌肤：肌肤比较脆弱，容易过敏，但是还没出现过敏症状（皮肤炎症），比正常肌肤容易过敏，需要特别护理。

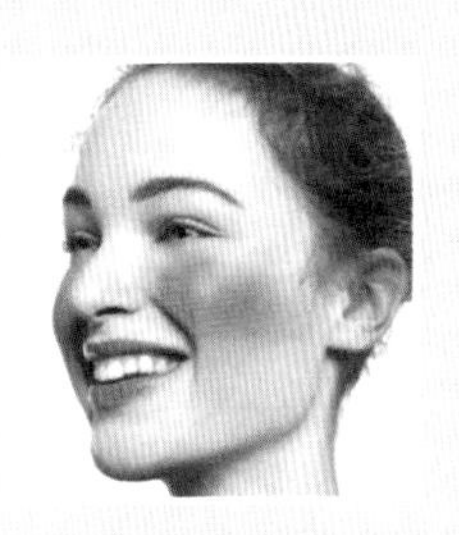

图4-4-1

任务评价

以小组为单位，制订并撰写敏感皮肤护理程序，并进行评比。

评价标准		分值	得分			
			学生自评	组间互评	教师评分	总分
1	字迹清楚端正	20				
2	操作步骤完备	40				
3	家庭护理计划科学	40				

课后思考

一、判断题（下列判断正确的请打“√”，错误的打“×”）

1. 敏感肌肤护理的总体原则是清洁与保湿。（　　）

2. 敏感肌肤对阳光、气候、水、植物（花粉）、化妆品、香水、蚊虫叮咬及高蛋白食物都有可能过敏。（　　）

3. 敏感肌肤就是过敏肌肤。（　　）

二、单项选择题（下列每题的选项中，只有一个是正确的，请将其代号填在横线空白处）

1. 无论什么季节，肌肤总是干巴巴且粗糙不平，一搽上化妆水就会感到刺痛、发痒，有时会红肿，有这几种症状的属于 ________。

A. 干燥性敏感肌肤　　B. 油脂性敏感肌肤

C. 压力性敏感肌肤　　D. 永久性过敏肌肤

2. 为 ________ 人群选择护肤品时，不能选用强碱、强刺激的产品，应选择性质温和的产品。

A. 衰老肌肤　　B. 色斑肌肤　　C. 敏感肌肤　　D. 痤疮肌肤

三、看图（表）说话题

1. 说说影响皮肤的各种因素。

图4-4-2

2. 下面是世界技能大赛美容项目关于皮肤检测的表格，请选择一位模特，将模特面部情况填入表格。

面部皮肤分析表

选手工位号：　　　　　　　　　　姓名：

部位	T区（有以下特征则打钩“√”）	面颊（有以下特征则打钩“√”）	在图上做标记幼纹/浅纹（.........）深纹（______）
目测	粉刺 / 黑头	粉刺 / 黑头	
	粟粒肿 / 白头	粟粒肿 / 白头	
	毛孔扩张	毛孔扩张	
	丘疹，脓疱，暗疮	丘疹，脓疱，暗疮	
	反光	反光	
	泛红，敏感	泛红，敏感	

续表

部位	T区（有以下特征则打钩"√"）	面颊（有以下特征则打钩"√"）	在图上做标记幼纹/浅纹（.........）深纹（______）
	毛细血管扩张	毛细血管扩张	
	血管瘤，血斑	血管瘤，血斑	
	干纹，幼纹	干纹，幼纹	
目测	干燥，脱皮，红肿	干燥，脱皮，红肿	
	痣，墨	痣，墨	
	雀斑	雀斑	
	色素沉着	色素沉着	
	皮肤幼细	皮肤幼细	
	皮肤厚	皮肤厚	
	滑	滑	
	粗糙	粗糙	
手触	粒状	粒状	
	皮肤和肌肉张力 / 弹性		
	很好，皮肤紧致		
	皮肤弹性一般		
	差，皮肤下垂		
	皮肤类型	皮肤状况	
	中性皮肤	敏感皮肤	
	干性皮肤	缺水皮肤	
	油性皮肤	成熟皮肤	
	混合性皮肤	（必填）	

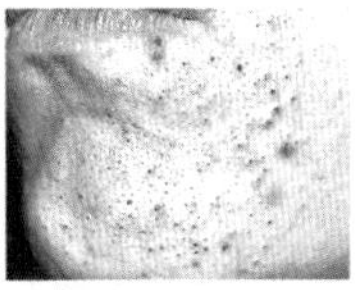

粉刺 / 黑头

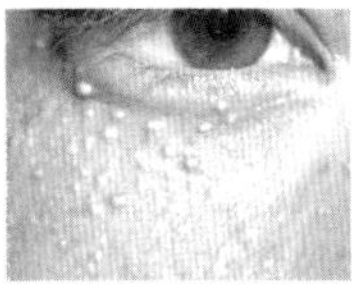

粟粒肿 / 白头

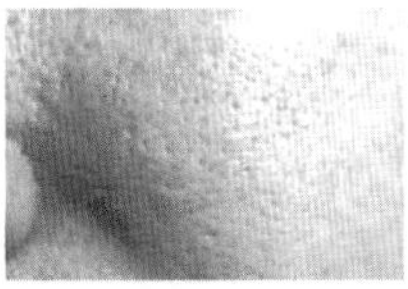

毛孔扩张

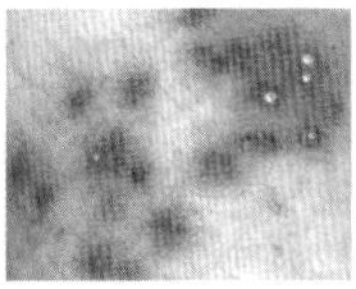

丘疹，脓疱，暗疮

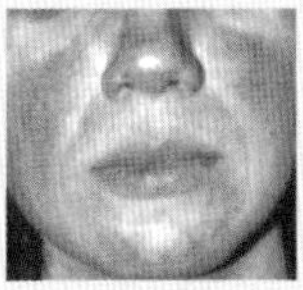

泛红，敏感

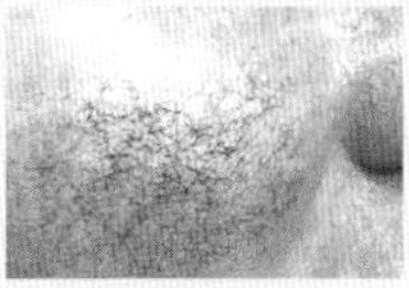

毛细血管扩张

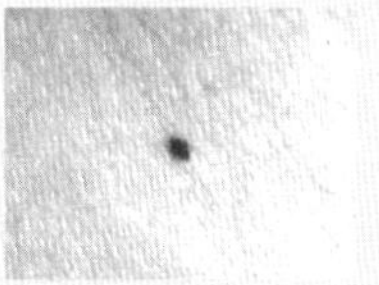

血管瘤，血斑

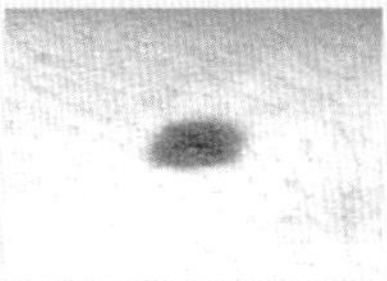

痣，墨

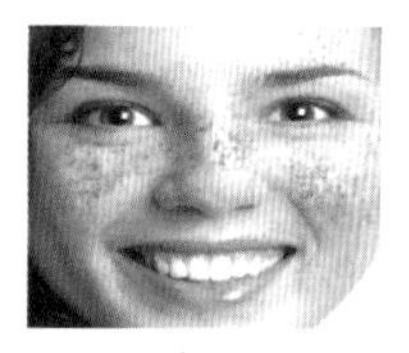

雀斑

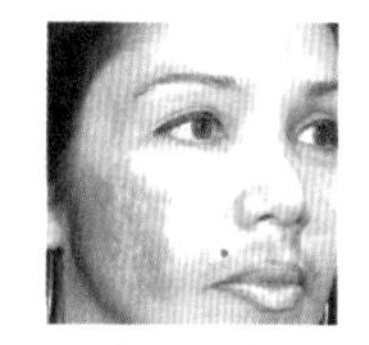

色素沉着

肌肉张力

项目总结

皮肤的健康与美容有着直接的联系，健康的肌肤给人以美好的感觉。如果皮肤出现问题，皮肤的美感将受到直接的影响。生活美容所涉及的损美性皮肤问题（俗称问题性皮肤）主要有皮肤老化、色斑、痤疮、敏感、毛细血管扩张及晒伤等，处理这些皮肤问题必须遵循“诊断为先”的原则，即先做出正确的诊断，然后“对症下药”，制订出个性化护理方案，最后是美容操作的实施。

本项目分别对面部常见损美性皮肤问题——皮肤色斑、皮肤痤疮、衰老皮肤、敏感皮肤如何护理进行了详尽的阐述。通过本项目的学习，美容师不但能掌握常见的几类损美性皮肤问题的处理方法，而且还能从中了解到一系列相关知识，这些相关介绍对于增加美容师的理论知识及提高实际操作能力大有益处。

项目反思

日期：　　年　月　日

项目五

面部刮痧与拨经

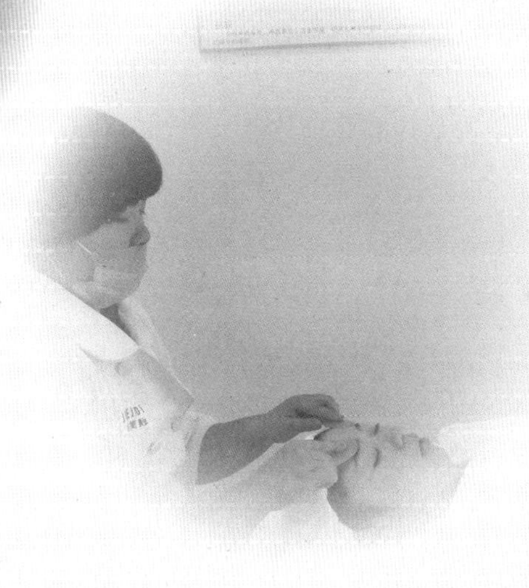

情境聚焦

期中考试后的一次课上，老师给同学们放了《刮痧》这部电影的片段。这是一部反映中西文化冲突的电影，其中一个情节是爷爷因为不懂英语，看不懂药瓶上的说明，在孙子肚子不舒服时给他用了中国的传统治疗方法——刮痧，刮痧后身体所表现出来的迹象就是一道道的瘀痕，这被美国人认定为虐待孩子，由此，引发了一场亲人被迫不能相见的剧情。

面部刮痧和拨经，作为祖国传统医学的一朵奇葩，由于其简便易行、见效快、无副作用，在历史上流传甚为久远。它们主要是遵循中医的经络气结理论，借助刮痧板、拨经棒等器具，以精油等功效性介质作为辅助，再结合拨经、通经的手法，促使肌肤气流顺畅，促进肌肤对产品的吸收，从而达到延缓肌肤衰老、增加肌肤含氧量的目的。

课任教师让同学们回家后先上网找找有关知识与技术，做好预习工作。

我们的目标是

- 熟悉面部刮痧的操作程序
- 熟悉面部拨经的操作程序
- 了解人体面部全息对应与经络分布

着手的任务是

- 根据顾客需要，结合面部护理流程，能进行面部刮痧操作
- 根据顾客需要，结合面部拨经流程，能进行面部拨经操作

任务实施中

任务一　面部刮痧护理

刮痧疗法发展到今天已经成为一种适应病种非常广泛的自然疗法。其中的面部刮痧则是运用特制刮痧板，沿面部的经络实施一定手法，刺激面部腧穴，达到护肤美容的目的。

随着人们生活水平的提高，人们经常吃一些高脂肪、高蛋白和一些含激素的食物，这些毒素垃圾在体内排泄不出去，面部刮痧疗法就是要用刮痧板在体表进行刮拭，打通面部经络，排除面部毒素，使我们的皮肤由内而外的美、白、净、透。

面部刮痧主要步骤包括：

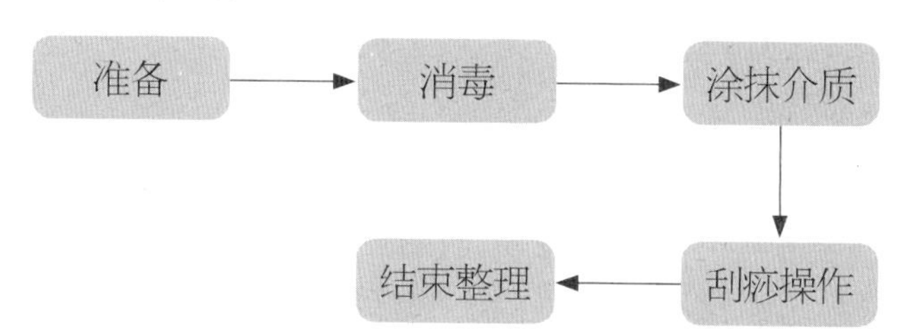

下面让我们有重点地一起来做一做、学一学！

一、面部刮痧操作程序

面部刮痧是刮痧疗法之一，沿着经络的走向用刮的手法来疏通经络，从而起到促进面部微循环、行气活血的作用。而所谓“痧”，是人体内部疾患在肌肤上的一种毒性反映，有时体现为一种皮肤结节。通过刮痧，能打通这些皮肤结节，促进面部血液循环，凉血排毒，结合护肤品的使用，使皮肤变得红润、美白、细致、毛孔小，从而达到美容的目的。长期坚持会改变暗疮、色斑、皱纹、黑眼圈等面部皮肤问题，对改善面部、颈部皮肤有显著的功效。

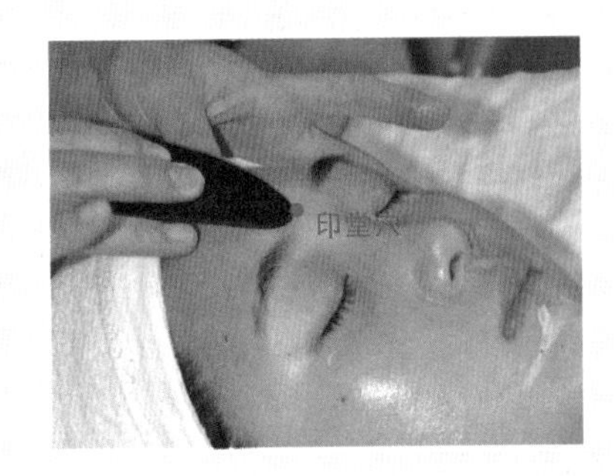

图5-1-1　第一节

- **操作示范**　图5-1-1　第一节
- **操作说明**　刮痧板与皮肤呈30°，板尖揉印堂穴三下，平板轻轻向下压，重复三遍。

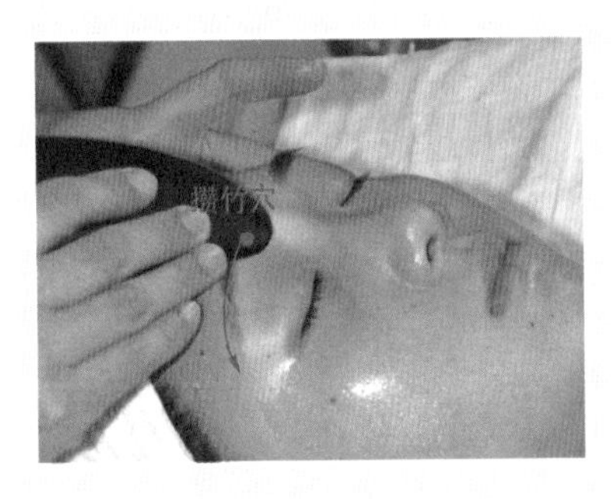

图5-1-2　第二节

- **操作示范**　图5-1-2　第二节
- **操作说明**　刮痧板与皮肤呈45°，板尖刮攒竹穴三下，平板轻轻平压整个眉部，重复三遍。

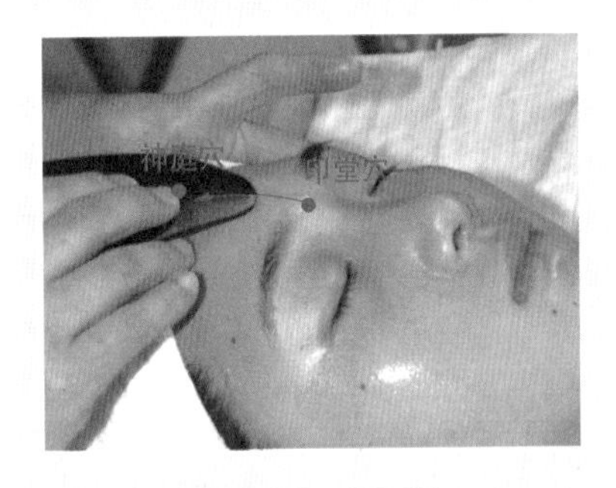

图5-1-3　第三节

- **操作示范**　图5-1-3　第三节
- **操作说明**　用板尖从印堂穴刮至神庭穴，自头发内甩出，重复三遍。

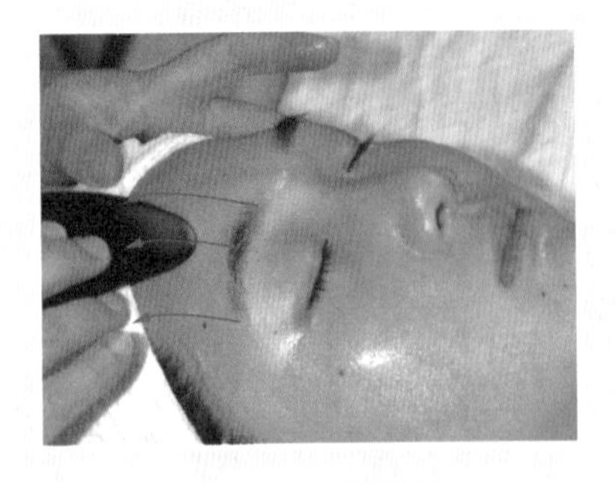
图5-1-4　第四节

- **操作示范**　图5-1-4　第四节
- **操作说明**　用板尖分别从眉头、眉中、眉尾三点竖刮至发际线，自头发内甩出，重复三遍。

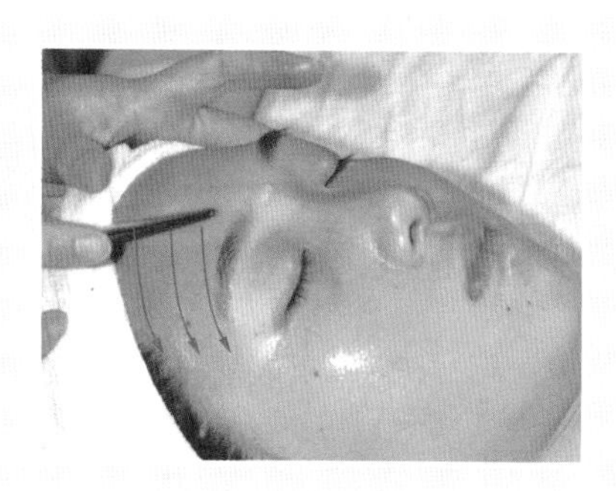

图5-1-5 第五节

- **操作示范** 图5-1-5 第五节
- **操作说明** 前额部分上、中、下三段，从印堂至侧面发际线分别用板内弧横刮，重复三遍。

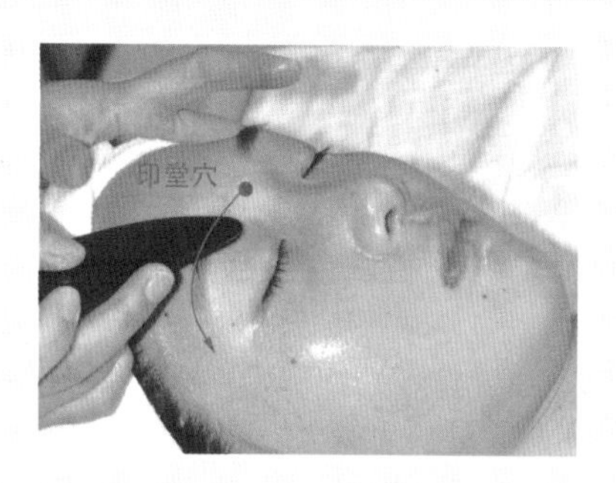

图5-1-6 第六节

- **操作示范** 图5-1-6 第六节
- **操作说明** 从印堂穴开始用板尖刮眉骨至太阳穴，顺延从发迹线甩出，重复三遍。

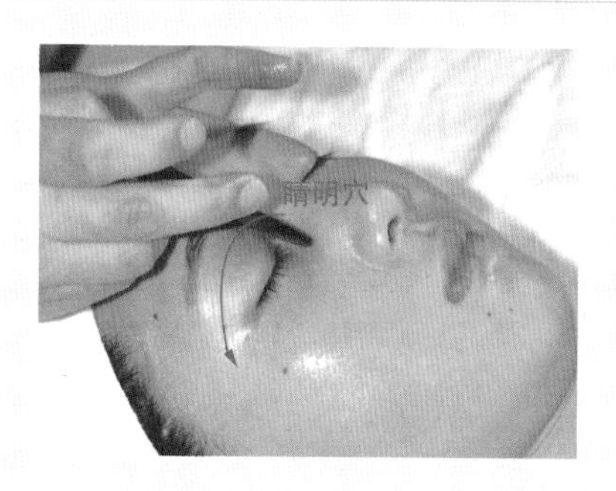

图5-1-7 第七节

- **操作示范** 图5-1-7 第七节
- **操作说明** 从睛明穴开始用板尖刮上眼皮至太阳穴，顺延从发迹甩出，重复三遍。

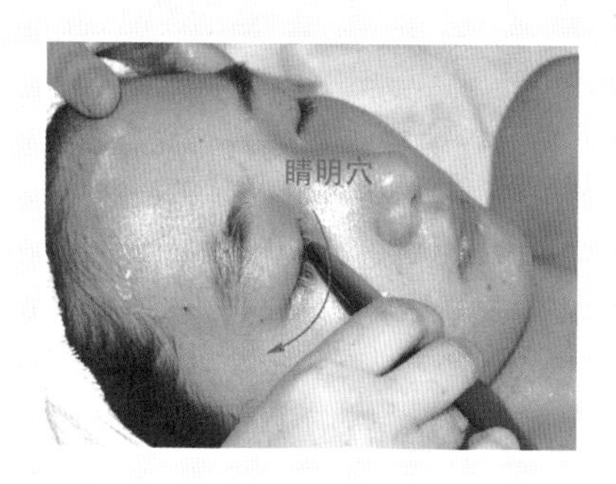

图5-1-8 第八节

- **操作示范** 图5-1-8 第八节
- **操作说明** 从睛明穴开始用板内弧刮下眼睑至太阳穴，顺延从发迹甩出，重复三遍。

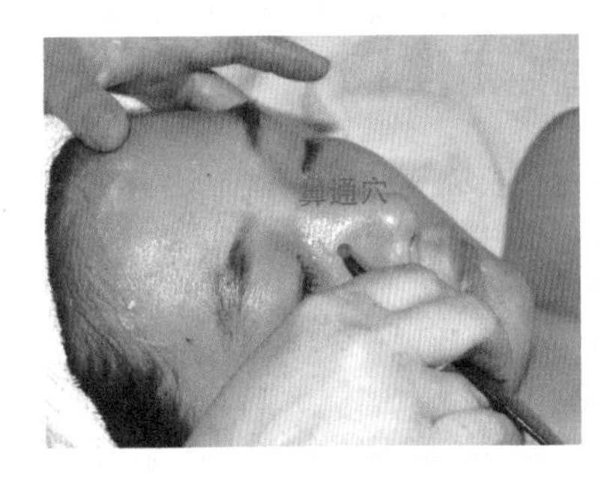

图5-1-9 第九节

- **操作示范** 图5-1-9 第九节
- **操作说明** 板尖点刮鼻根骨鼻通穴处三遍。

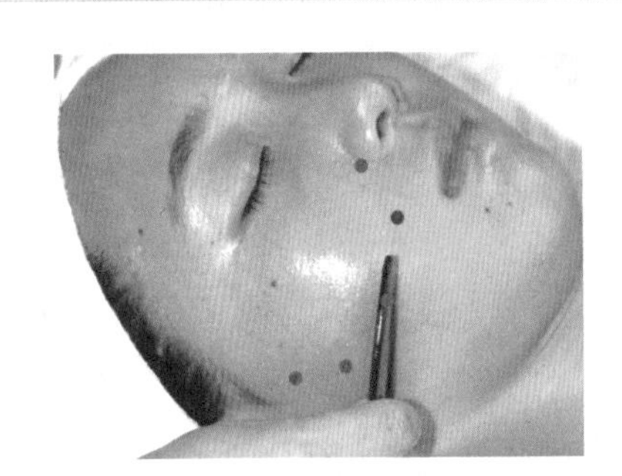

图5-1-10 第十节

- **操作示范** 图5-1-10 第十节
- **操作说明** 板尖点刮鼻翼边线——鼻中、鼻翼，且沿颧骨弧线向上划至耳前三穴，停留数秒，后顺颈侧向下至腋下甩出，重复三遍。

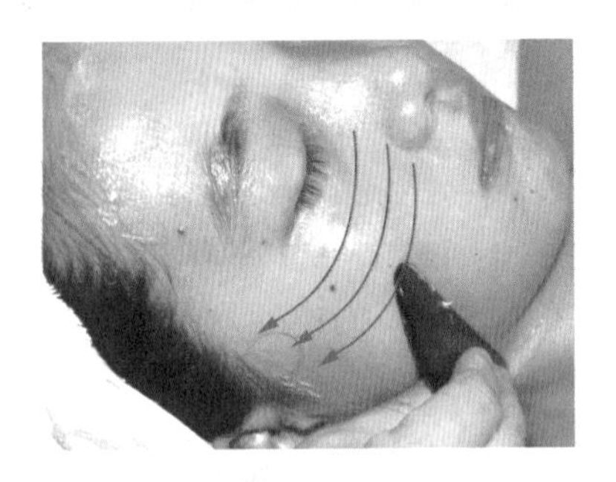

图5-1-11 第十一节

- **操作示范** 图5-1-11 第十一节
- **操作说明** 将面颊分三段，分别用板弧内侧刮拭，每段刮拭三遍。

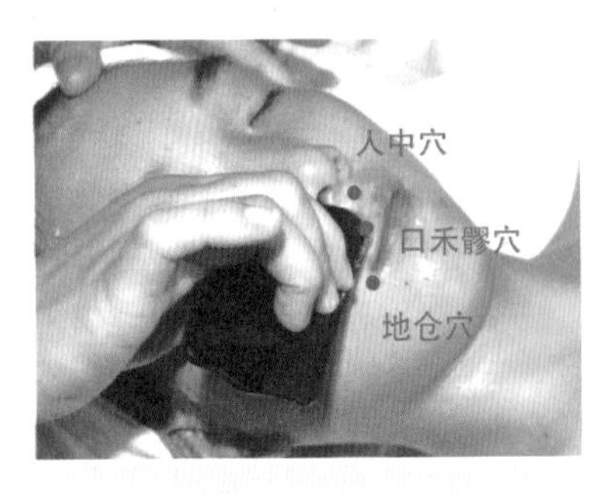

图5-1-12 第十二节

- **操作示范** 图5-1-12 第十二节
- **操作说明** 板尖点口周的人中、口禾髎、地仓三穴，且板与皮肤呈45° 侧压颧骨线至耳垂处停留数秒，后沿颈侧向下至腋下甩出，重复三遍。

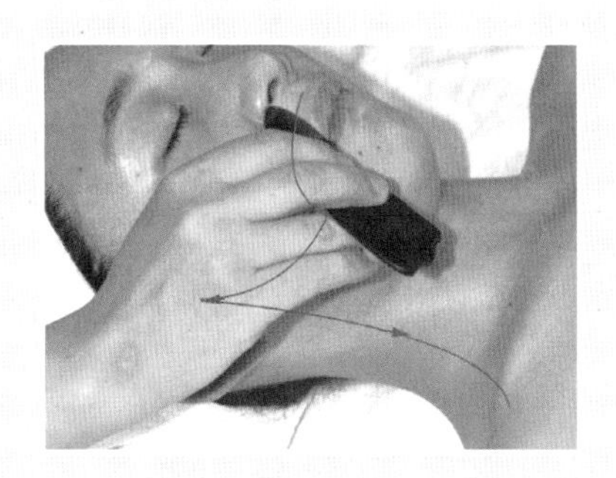

图5-1-13　第十三节

- **操作示范**　图5-1-13　第十三节
- **操作说明**　刮上嘴唇弧线，自颧骨弧线至耳垂沿颈侧向下至腋下甩出，重复三遍。

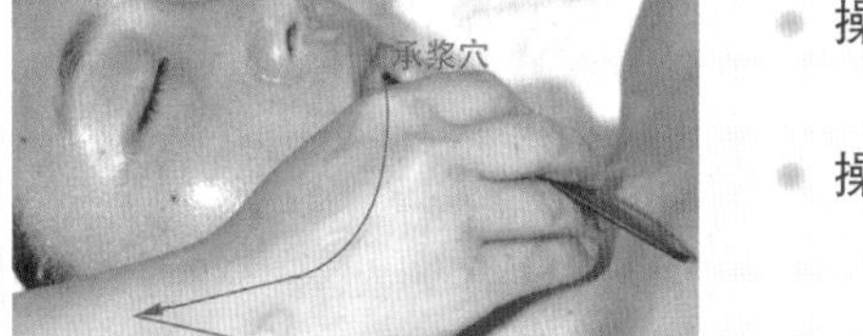

图5-1-14　第十四节

- **操作示范**　图5-1-14　第十四节
- **操作说明**　从承浆穴开始刮下嘴唇弧线，板内弧60° 刮拭颧骨弧线至耳垂沿颈侧向下，重复三遍。

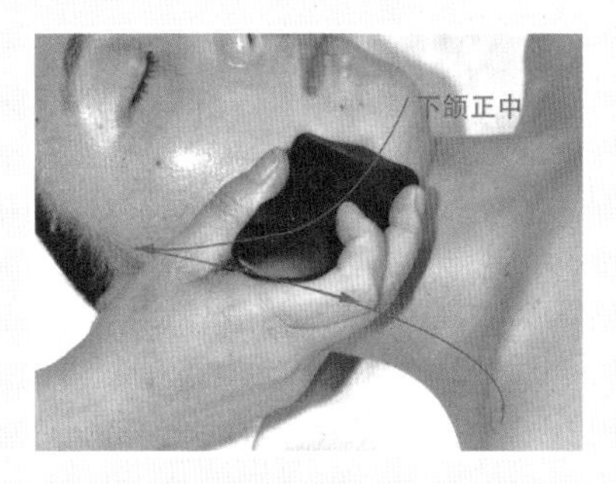

图5-1-15　第十五节

- **操作示范**　图5-1-15　第十五节
- **操作说明**　从承浆穴开始，板角60° 刮下颌弧线至耳前三穴停留数秒，后沿颈侧向下至腋下甩出，重复三遍。

面部刮痧

相关链接

刮痧的介质

在刮痧时，为保护皮肤或减少皮肤的摩擦损伤，或借助某些药物的辅助作用，常在刮痧区涂些润滑物质，这些物质统称为刮痧介质。刮痧介质有两方面的作用，一方面是减少刮痧阻力，增加润滑度，避免皮肤被刮伤；另一方面是刮痧介质的药物治疗作用。常用的刮痧介质有如下两大类。

1. 液体

液体是最常用的一种刮痧介质，最简单的可用我们日常生活中的饮用水（冷开水或温开水）、食用油，如芝麻油、菜籽油、茶籽油、豆油、橄榄油等，这些都很方便，可就地取材。目前应用较多的是选取具有清热解毒、活血化瘀、通络止痛、祛邪排毒作用的中草药经炮制提炼而成的各种外涂药液，刮痧时根据不同疾病，选用不同功效的药液，不但起到局部润滑作用，还可通过皮肤吸收，起到治疗作用，从而提高刮痧的疗效。（见图5-1-16）

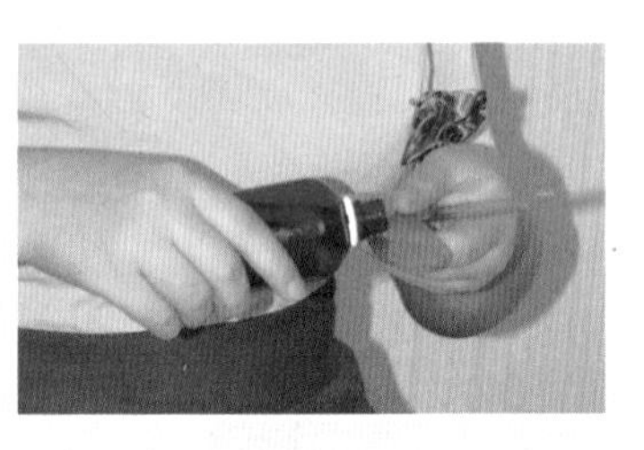

图5-1-16

2. 膏体

选用质地细腻的膏状物质，如凡士林、面霜、板油、蛇油等。亦可在上述膏体中掺杂具有活血化瘀、通络止痛、芳香开窍等作用的中药粉末。（见图5-1-17）

图5-1-17

二、刮痧板的使用技巧

与传统的手指按摩面部美容不同的是，刮痧借用专用的刮痧板，以板代指，沿脸部特定的经络穴位进行，配合不同的手法刺激肌肤，促使其血脉通畅。刮痧的工具是刮痧板，只有正确地使用刮痧板，才能起到应有的作用。

刮痧板有厚面、薄面和棱角。治疗疾病时多用薄面刮拭皮肤，保健多用厚面刮拭皮肤，需要点按穴位时多用棱角刮拭。操作时要掌握好“三度一向”，促使出痧，缩短刺激时间，控制刺激强度，减少局部疼痛的感觉。

刮痧板的使用技巧

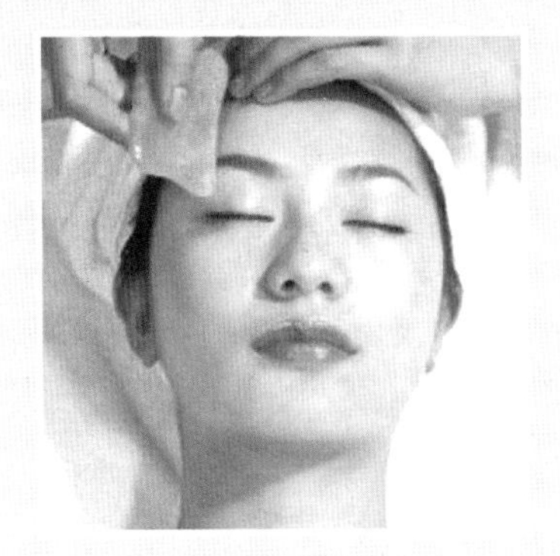

图5-1-18　角度

- **操作示范**　图5-1-18　角度

- **操作说明**　刮痧板与皮肤会形成一定的角度，当刮痧板垂直于皮肤时，对皮肤刺激最强烈，最容易刮出痧，也比较容易让人产生疼痛感觉。当刮痧板与皮肤的角度小于90° 时，就不像垂直于皮肤刮痧那样容易出痧，更不像垂直刮痧那样疼痛。一般情况下，保持60° 的角度即可。

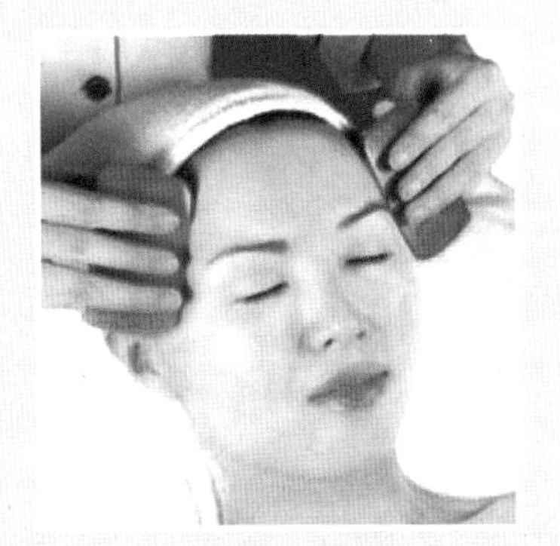

图5-1-19　力度

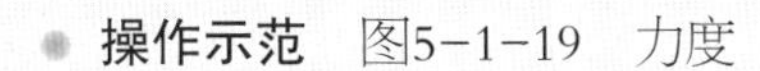

- **操作示范**　图5-1-19　力度

- **操作说明**　使用刮痧板时，用力越大，越容易出痧，人们产生的疼痛感越强；用力越轻，刮痧板切入皮肤就越浅，越不容易出痧，人们产生的疼痛感越弱。力度大可能会造成局部皮肤破溃，而力度轻了则达不到良好效果。所以，对力度的要求为“重而不板，轻而不浮”。

面部刮痧时应用力均匀，采用腕力，以刮红为度。

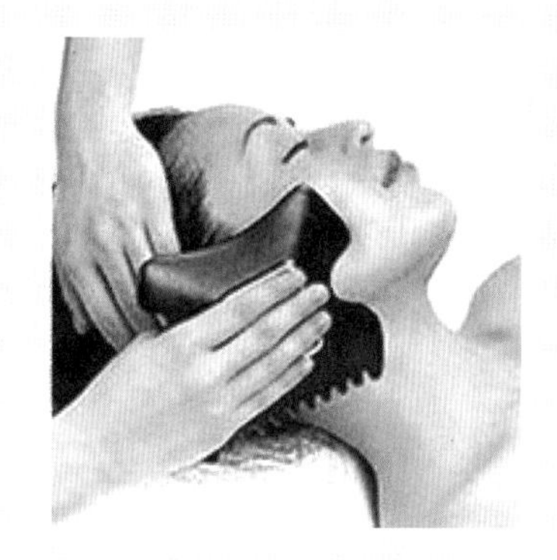

图5-1-20　速度

- **操作示范**　图5-1-20　速度
- **操作说明**　刮拭的速度越快，刮痧板切入皮肤的深度就越浅，出痧就慢；相反，出痧就快。在使用刮痧板时，手法操作的关键在于力度与速度的掌握和控制。

图5-1-21　方向

- **操作示范**　图5-1-21　方向
- **操作说明**　刮痧的力量来自刮痧板的后方，用推力刮痧时，对皮肤刺激强，比较容易出痧；力量来自刮痧板的前方，用拉力刮痧时，不容易出痧，但是人们会感觉舒适一些。

相关链接

刮痧板的沿革

刮痧器具种类很多（见图5-1-22），随着时代的发展刮痧器具也发生了很大的变化，其形状越来越适合刮拭部位，工艺也更精细，表面更光滑，所用材料逐渐向有药物治疗作用的玉石和水牛角发展。刮痧器具归纳起来有如下八种。

图5-1-22

1. 石器

这大概是最早的刮痧器具，多选用表面光滑无棱角，便于持握的石块作为刮痧器具。

2. 陶器

一般选取边缘光滑无破损的汤匙、瓷碗、瓷杯、瓷盘等，用其边缘作为刮痧器具。

3. 苎麻

取已成熟的苎麻剥皮晒干，摘去枝叶，用根部较粗的纤维揉成小团作为刮痧器具。

4. 硬币

选取边缘较厚钝而光滑，没有残缺的铜钱、银圆、铝币等作为刮痧器具。

5. 木器板

多选用沉香木、檀香木等质地坚实的木材，制成平、弯、有棱角而光滑、精巧适用的刮痧板，用其边缘作为刮痧器具。

6. 水牛角板

目前较多使用水牛角加工成边缘光滑圆润、无棱角的长方形、月牙形、牛角形等形状不同、大小不等的刮痧板。

7. 玉石板

用玉石加工成表面及边缘光滑、无棱角的长方形、楔形板作为刮痧器具。

8. 其他

如有用适量头发、棉纱线等揉成团作为刮痧器具。也有用小酒杯、有机玻璃纽扣、药匙、小蚌壳等作为刮痧器具。

任务评价

以小组为单位，进行面部刮痧美容实操，并根据下表进行评比。

评价标准		分值	得分			
			学生自评	组间互评	教师评分	总分
1	步骤完整	20				
2	力度适中	20				
3	手法服帖	20				
4	手势优美	20				
5	节奏与速度和谐	20				

注：建议训练时同学自由组合，考核时同学随机组合。

课后思考

一、判断题（下列判断正确的请打“√”，错误的打“×”）

1. 面部刮痧前应先进行皮肤基础护理准备工作，如洁肤、爽肤等。（　　）

2. 刮痧疗法简便易行、见效快，但有副作用。（　　）

3. 随着时代的发展，刮痧器具也发生很大的变化，其形状越来越适合刮拭部位，工艺也更精细，表面更光滑，所用材料逐渐向有药物治疗作用的玉石和水牛角发展。（　　）

4. 刮拭的速度越快，刮痧板切入皮肤的深度就越浅，出痧就快；刮拭速度越慢，敏感度较高，出痧就慢。（　　）

5. 长期坚持面部刮痧会改善暗疮、色斑、皱纹、黑眼圈等面部皮肤问题，对提升面部、颈部皮肤有显著功效。（　　）

二、单项选择题（下列每题的选项中，只有一个是正确的，请将其代号填在横线空白处）

1. 用鱼形刮痧板的鱼腹棱面在穴位或经络进行轻、柔、慢的游弋滑动称作________手法。

A. 压　　　　B. 摩游

C. 放气　　　　D. 揉

2. 面部刮痧时，刮板与刮拭方向保持 ________ 左右进行刮拭。

A. 60°　　B. 30°　　C. 10°　　D. 90°

3. 不建议作为面部刮痧介质的有 ________。

A. 凡士林　　B. 复方精油

C. 橄榄油　　D. 石灰土

4. 适用于背部的刮痧板是 ________。

A. 三角形　　B. 方形

C. 梳形　　D. 鱼形

三、看图说话题

听老师说刮痧能解决眼袋、黑眼圈、斑点、痘痘等常见的皮肤问题。李瑛迫不及待地在网上购买了一套刮痧板。图5-1-23为一套价格80元的水牛角刮痧板套盒。

请以小组为单位，简述套盒中各部件的功效，并进行评比。

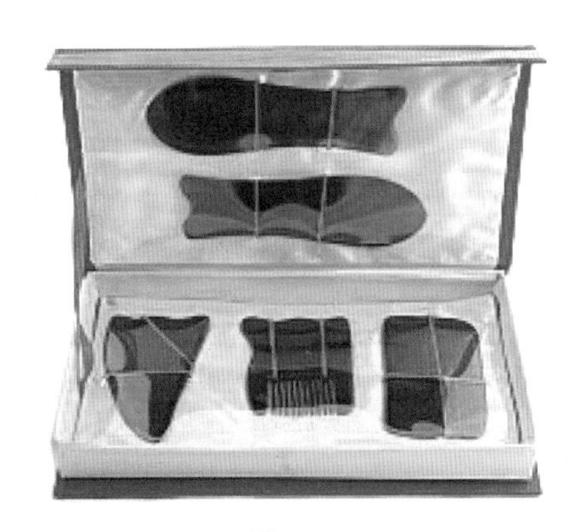

图5-1-23

任务二　面部拨经护理

目前，流行的面部拨经，是面部刮痧的一个分支。面部拨经是以中医全息经络学为理论基础，通过“技术、产品、独特按摩工具”的三效合一，突破传统以手做按摩的方式，利用拨经棒以疏、拨、揉的方式进行“点”的接触拨经，直接将按摩效果作用至真皮层，清除皮肤、机体内部代谢积存物，通过疏通面部经络，刺激脏腑面部反射点，活化气血，散瘀化结，代谢血管内毒素及废物，从而还原皮肤本色。

面部拨经操作流程

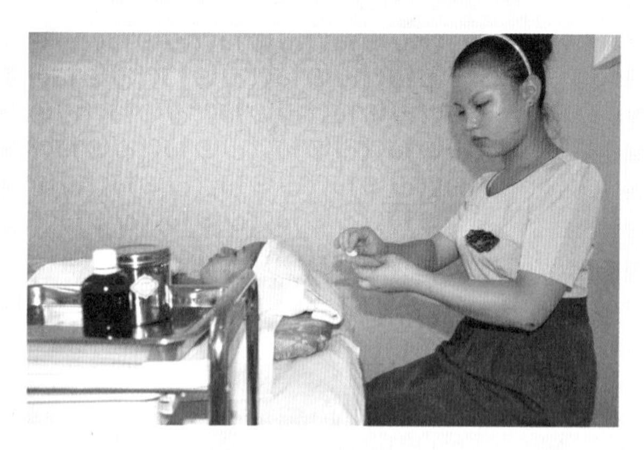

图5-2-1　准备工作

- **操作示范**　图5-2-1　准备工作

- **操作说明**　做好面部拨经前的所有准备。

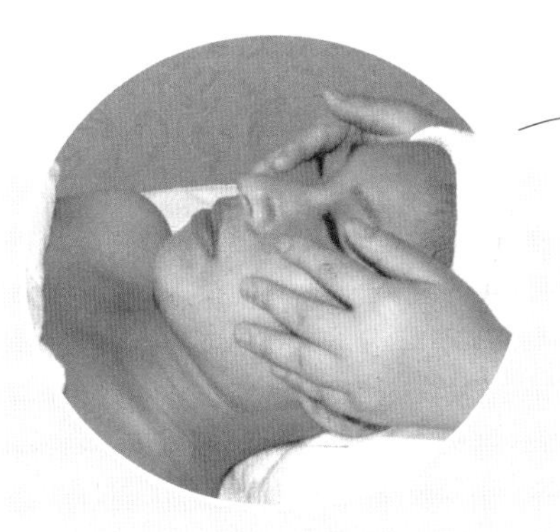

- **操作示范** 图5-2-2 面部涂油
- **操作说明** 以面部排毒的手法进行涂油。

图5-2-2 面部涂油

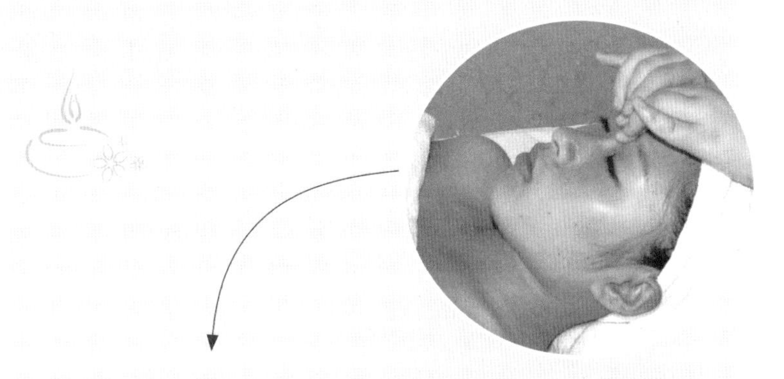

图5-2-3 点按面部穴位

- **操作示范** 图5-2-3 点按面部穴位
- **操作说明** 双手手指依次点按面部印堂穴、鱼腰穴、丝竹空穴。

  双手手指依次点按鼻通穴、球后穴、四白穴、瞳子髎、迎香穴、巨髎穴、颧髎穴。

  双手手指依次点按人中穴、地仓穴、颊车穴。

  双手手指依次点按听宫穴、听会穴、翳风穴。

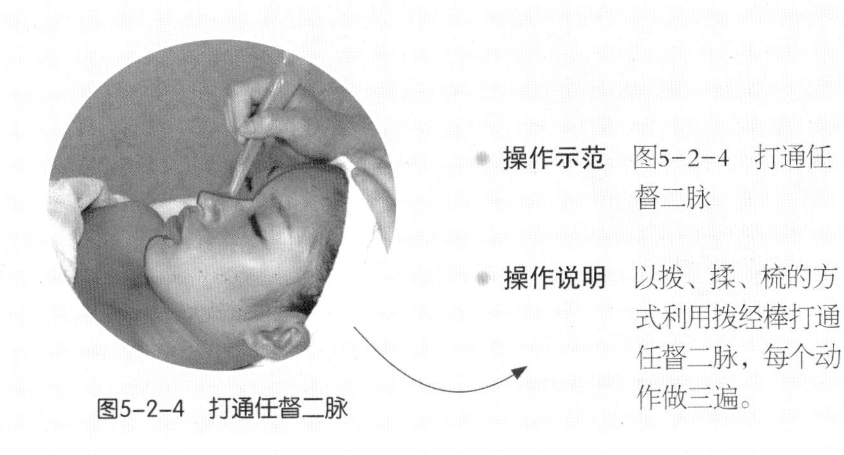

图5-2-4 打通任督二脉

- **操作示范** 图5-2-4 打通任督二脉
- **操作说明** 以拨、揉、梳的方式利用拨经棒打通任督二脉，每个动作做三遍。

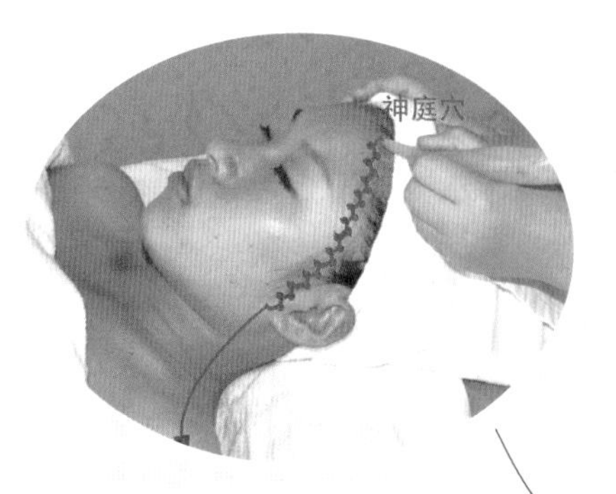

图5-2-5 揉拨面部第一线

- **操作示范** 图5-2-5 揉拨面部第一线
- **操作说明** 双手由一侧脸开始拨起，一手持拨经棒，另一只手配合。用拨的手法，由心区开始，经肺区、安眠特效区（肾区）、偏头区，到肝区结束。

  从神庭穴松筋至太阳穴，打小“8”字。揉拨太阳穴，揉拨至听宫穴点按，顺耳前淋巴、耳后淋巴从翳风穴排出。

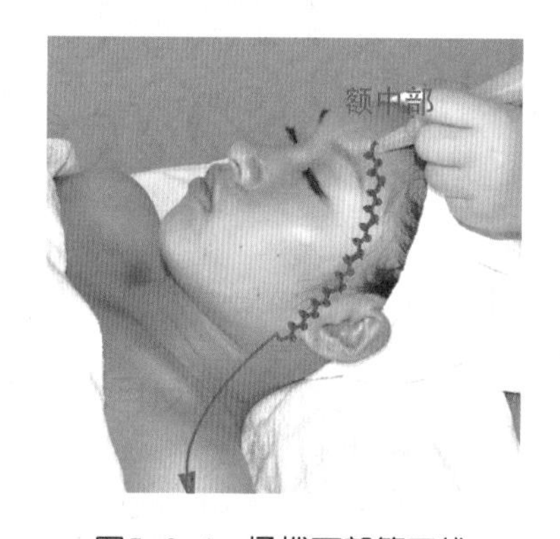

图5-2-6 揉拨面部第二线

- **操作示范** 图5-2-6 揉拨面部第二线
- **操作说明** 从额中松筋至太阳穴，打小“8”字。揉拨太阳穴，揉拨至听宫穴点按，顺耳前淋巴、耳后淋巴从翳风穴排出。

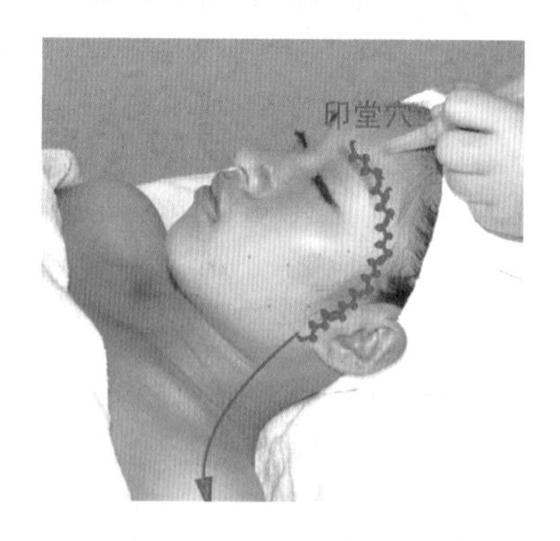

图5-2-7 揉拨面部第三线

- **操作示范** 图5-2-7 揉拨面部第三线
- **操作说明** 从印堂沿眉骨松筋至太阳穴，打小“8”字。揉拨太阳穴，揉拨至听宫穴点按，顺耳前淋巴、耳后淋巴从翳风穴排出。

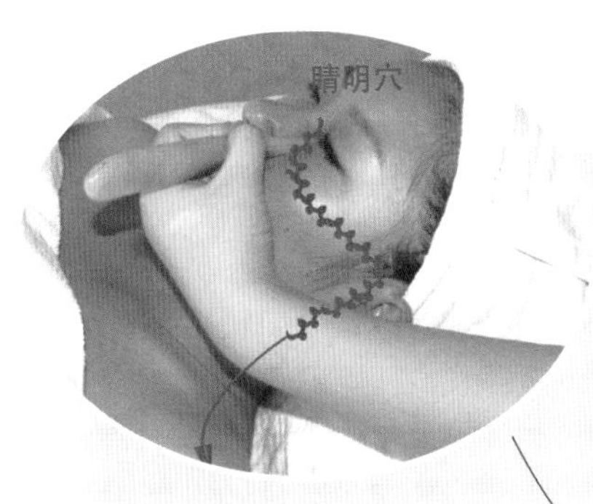

图5-2-8　揉拨面部第四线

- **操作示范**　图5-2-8　揉拨面部第四线

- **操作说明**　用拨的手法由鼻、肺区开始，经肝/脾区，到眼部反射区（眼下肾区）结束；然后配合拨、揉的手法找出气结及筋结进行疏通。

  从睛明穴、下睑松筋至太阳穴，打小“8”字。揉拨太阳穴，揉拨至听宫穴点按，顺耳前淋巴、耳后淋巴从翳风穴排出。

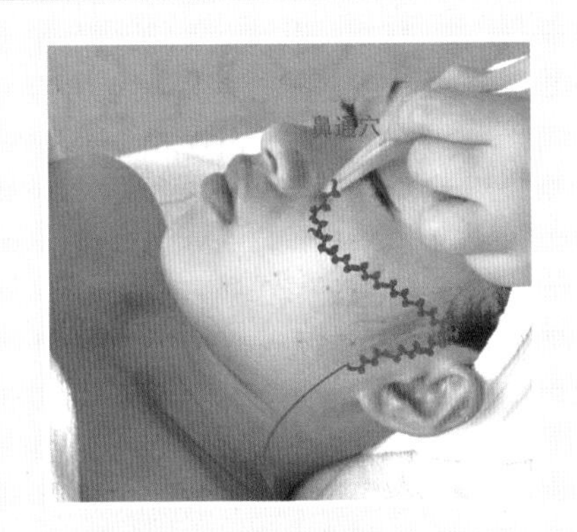

图5-2-9　揉拨面部第五线

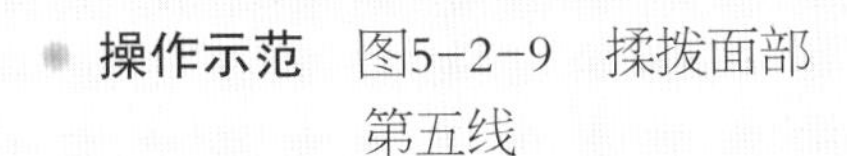

- **操作示范**　图5-2-9　揉拨面部第五线

- **操作说明**　从鼻通穴松筋至听宫穴，打小“8”字。揉拨至听宫穴点按，顺耳前淋巴、耳后淋巴从翳风穴排出。

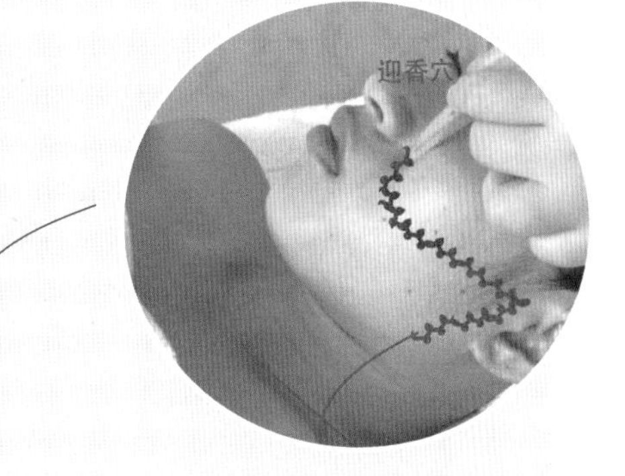

图5-2-10　揉拨面部第六线

- **操作示范**　图5-2-10　揉拨面部第六线

- **操作说明**　用拨的手法由腰区开始，经胃区（鼻翼）、足区、小肠区，到颜面区结束；配合拨、揉的手法找出气结及筋结进行疏通，在法令纹处做重点提升。

  从迎香穴松筋至听宫穴，打小“8”字。揉拨至听宫穴点按，顺耳前淋巴、耳后淋巴从翳风穴排出。

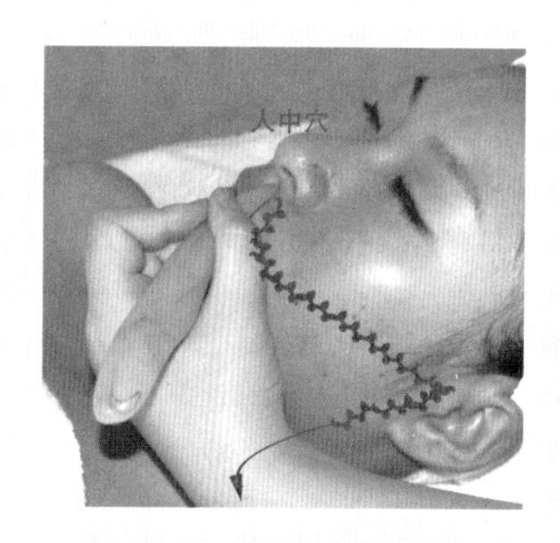

图5-2-11 揉拨面部第七线

- **操作示范** 图5-2-11 揉拨面部第七线
- **操作说明** 从人中穴松筋至听宫穴，打小“8”字。揉拨至听宫穴点按，顺耳前淋巴、耳后淋巴从翳风穴排出。

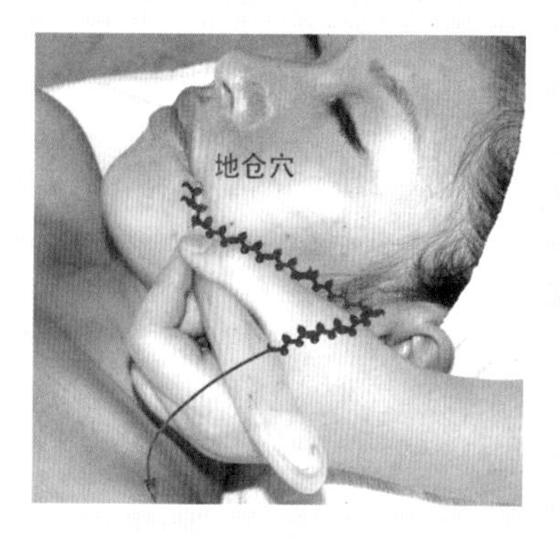

图5-2-12 揉拨面部第八线

- **操作示范** 图5-2-12 揉拨面部第八线
- **操作说明** 从地仓穴松筋至听会穴，打小“8”字。揉拨至听会穴点按，顺耳前淋巴、耳后淋巴从翳风穴排出。

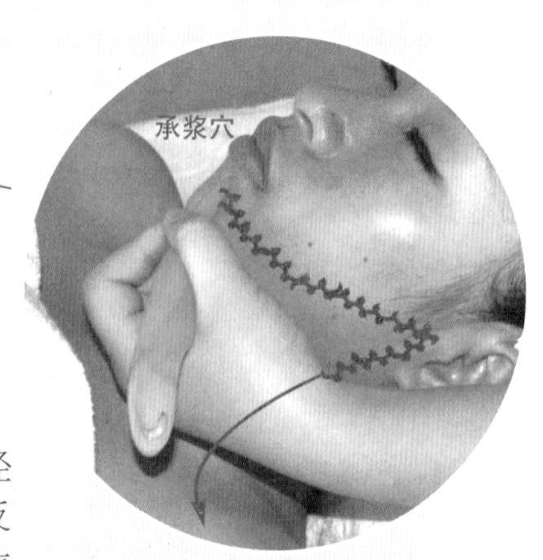

图5-2-13 揉拨面部第九线

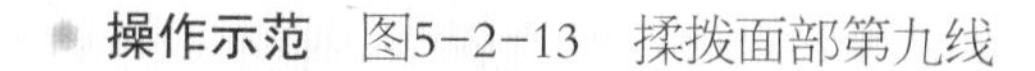

- **操作示范** 图5-2-13 揉拨面部第九线
- **操作说明** 用拨的手法由子宫/膀胱区开始，经脾脏区、小肠区、颜面区，到听觉反射区结束；配合拨、揉的手法找出气结及筋结进行疏通。

  从承浆穴松筋至听会穴，打小“8”字。揉拨至听会穴点按，顺耳前淋巴、耳后淋巴从翳风穴排出。

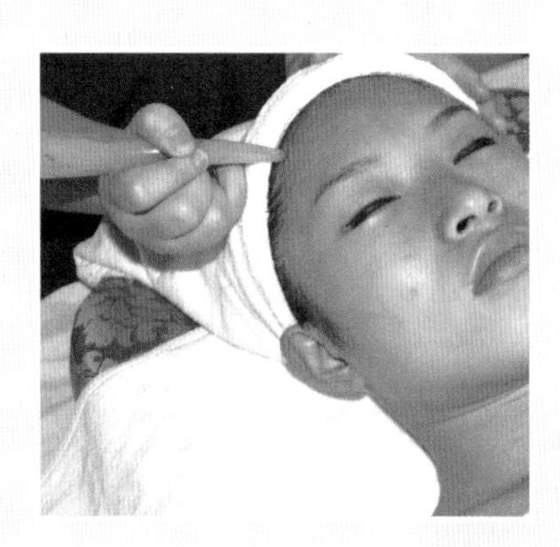

图5-2-14 揉拨另一侧脸

- **操作示范** 图5-2-14 揉拨另一侧脸
- **操作说明** 在另一侧脸上重复揉拨面部九条线动作。

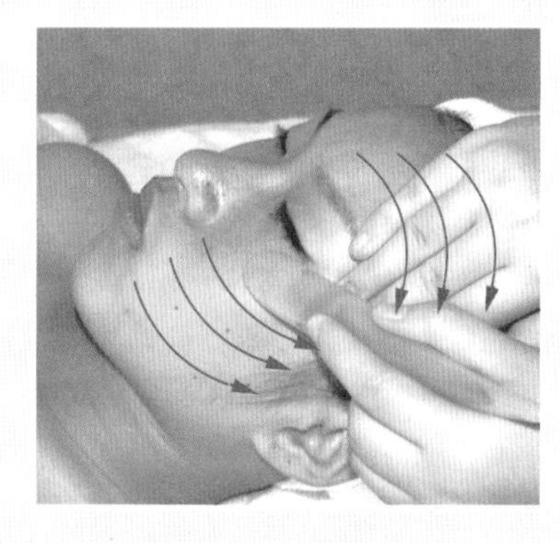

图5-2-15 整脸刮梳

- **操作示范** 图5-2-15 整脸刮梳
- **操作说明** 用拨经棒的另一端刮、梳面部，全面疏通九条线。

  用拨经棒进行全脸的提升、塑型、排毒。

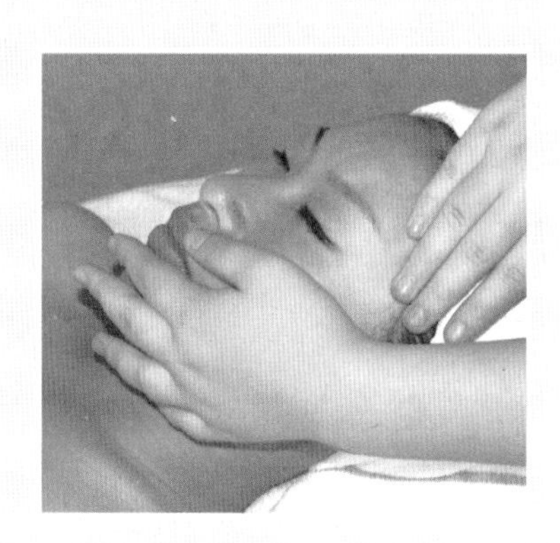

图5-2-16 安抚结束

- **操作示范** 图5-2-16 安抚结束
- **操作说明** 双手安抚面部，面部拨经结束。

重点突破

面部经络口诀

头部为诸阳之会，十二条经络中有六条手足三阳经经过面部，并有督脉所主。面部经络分布大致如下。（见图5-2-17）

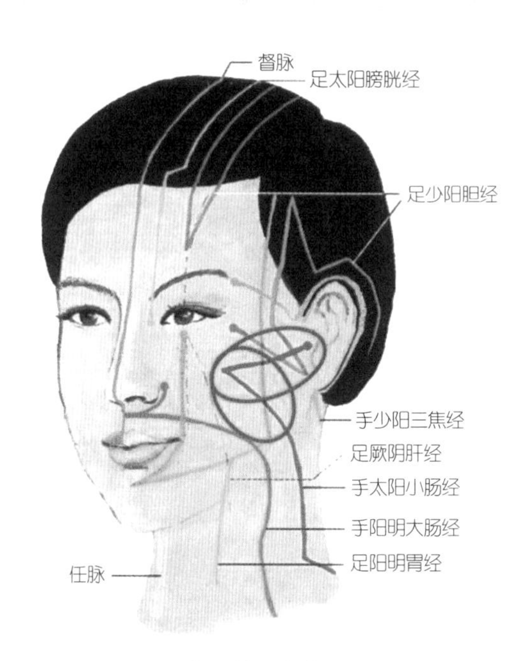

图5-2-17

手足阳明经：正面眼睛以下大部分区域。

手足少阳经：耳部上下旁侧区域。

手足太阳经：眉上额部及头顶、后枕部。

56字口诀诗如下：

睛明穴上膀胱经，胆经三焦走侧面。

大肠经脉绕口唇，太阳小肠走耳前。

六腑阳经走到面，肝经重合胃经线。

任督二脉走中间，面部经络九条线。

课后思考

一、判断题（下列判断正确的请打“√”，错误的打“×”）

1. 经过面部正中间的经络为手阳明大肠经。（　　）

2. 面部拨经突破传统以手做按摩的方式，以疏、拨、揉的方式利用拨经棒进行“点”的接触按摩。（　　）

3. 足厥阴肝经虽巡行于面部，但无重要穴位。（　　）

4. 任脉巡行于面部的主要穴位有地仓穴。（　　）

5. 足太阳膀胱经巡行于面部的主要穴位有睛明穴、攒竹穴等。（　　）

6. 面部经络九条线全部是阳经。（　　）

二、单项选择题（下列每题的选项中，只有一个是正确的，请将其代号填在横线空白处）

1. 经过面部的经络有 ________ 条。

A. 三　　B. 五

C. 七　　D. 九

2. 十二条经络中有 ________ 条手足三阳经经过面部。

A. 三　　B. 四

C. 五　　D. 六

3. 督脉巡行于头面部的穴位有 ________。

A. 翳风穴　　B. 承泣穴

C. 瞳子髎穴　　D. 上星穴

4. 不属于督脉在头面部的穴位是 ________。

A. 哑门穴　　B. 风府穴

C. 头维穴　　D. 百会穴

5. 不属于足阳明胃经在头面部的穴位是 ________。

A. 耳门穴　　B. 大迎穴

C. 颊车穴　　D. 下关穴

6. 翳风、角孙、耳门、丝竹空等都属于 ________ 运行在头面部的穴位。

A. 足阳明胃经　　B. 手少阳三焦经

C. 任脉　　D. 足太阳膀胱经

7. 承泣、四白、地仓等都属于 ________ 运行在头面部的穴位。

A. 足阳明胃经　　B. 足厥阴肝经

C. 督脉　　D. 足少阳胆经

8. 颧髎、听宫等都属于 ________ 运行在头面部的穴位。

A. 督脉　　　　B. 手阳明大肠经

C. 手太阳小肠经　　　　D. 任脉

三、看图说话题

“颜面全息观康健，刮拭美容疗疾患；额头大脑咽与喉，肺和心脏眉眼间；人中子宫外膀胱，鼻头脾胃鼻中肝；颧下大肠外属肾，颧内小肠斜上胆；两颊膝膑口旁股，下颌亦肾颧上肩。”课后查阅资料，说说面部不同位置的筋结、气结如何反映不同的问题。

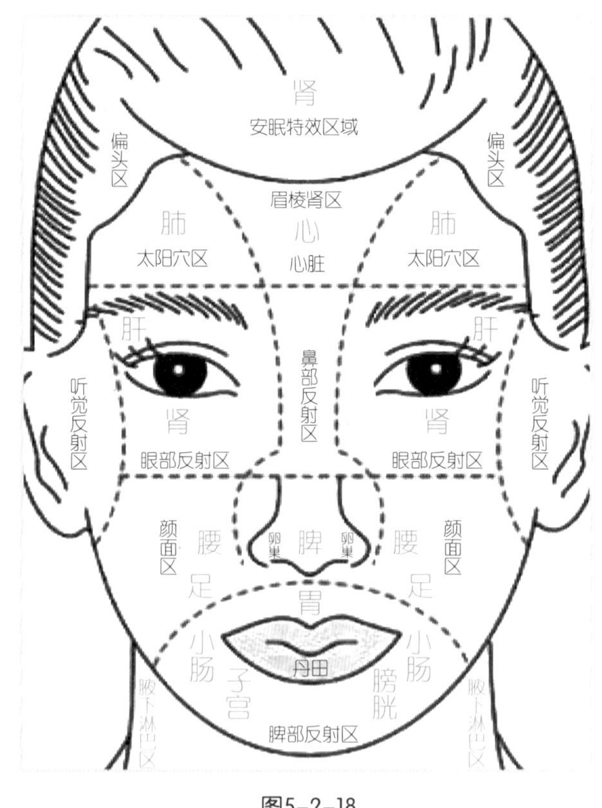

图5-2-18

项目总结

刮痧疗法，作为祖国传统医学的一朵奇葩，由于其简便易行、见效快、无副作用，在历史上流传甚为久远。这种疗法起源于旧石器时代，通过长期的实践与积累，逐步形成了砭石治病的方法，这也是刮痧疗法的雏形。传统刮痧是以中医经络脏腑学说为理论指导，使用水牛角等天然材料制作的刮痧工具，涂上介质，通过刺激体表皮肤及经络腧穴，调理人体不适症的自然疗法。它方法简便，取材容易，深受人们的喜爱。

而且，由于压力、思虑、烦心导致细胞死亡会造成气血不通，产生筋结。可通过拨经的“揉、拨、挑、梳”等手法，打开面部穴位、舒通面部九大经脉，有效阻止由筋经阻塞造成的筋结、气结，防止面部晦暗，将坏死细胞、毒素经血液循环和淋巴循环代谢出去，调和气血，提高细胞的吸收能力。

在本项目的学习中，同学们接触了中国传统理疗技法，了解了刮痧、拨经的概念，熟悉了面部刮痧、拨经的工具和介质，理解了面部刮痧和拨经的原理以及注意事项，掌握了面部刮痧和拨经操作程序及其美容的实际技能。

掌握这一技能，对于美容师的职业技能是一种很好的提升。希望通过本项目的系统学习，结合教学实践，同学们融会贯通、刻苦训练，熟练掌握相关技能。

项目反思

日期：　　年　月　日

项目六

耳部护理

情境聚焦

学会了面部刮痧、面部拨经技术，借助工具做起护理来既轻松又见效，凡体验过的顾客都说好，使得李瑛对一些适用于面部护理的小工具产生了浓厚的兴趣，如瘦脸神器啦，治痘机啦，经常到淘宝上去淘这些小玩意。

一次，她收到了一份淘宝店家的小赠品，打开后看见一支精致的细长棒棒，拿着这新鲜玩意儿，李瑛来到教师办公室。老师告诉她这叫耳烛，又名“香薰耳烛”“芳香耳烛”“耳烛排毒棒”，现在的耳烛由纯天然的蜂蜡、蜂胶、圣约翰草、洋甘菊、薰衣草、紫椎花精制而成。

在老师的指点下，李瑛不仅学会了耳烛疗法，还自学了耳穴埋豆法呢！

我们的目标是

- 熟悉耳烛护理程序
- 了解耳郭结构特点

着手的任务是

- 掌握耳烛护理的操作规范
- 掌握耳穴埋豆法的护理流程

任务实施中

任务一　耳烛疗法

耳烛疗法是一种简单、快捷、无痛、舒适、放松、温和的民俗疗法。耳烛护理可以使人头脑清晰、舒缓压力、舒缓头痛、帮助睡眠。耳烛护理（双耳）时间一般为25～30分钟。耳烛疗法的主要步骤包括：

清洁左耳郭 → 耳烛左耳 → 清洁右耳郭 → 耳烛右耳

一、耳烛护理流程

耳烛护理流程

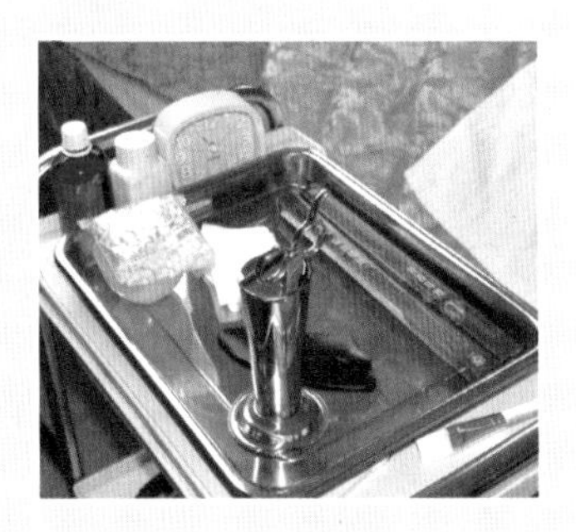

图6-1-1　准备工作

操作示范　图6-1-1　准备工作

操作说明　常规洁肤、爽肤后再进行耳烛疗法。

物品准备：棉签、耳烛棒、打火机、镊子、棉片（75%酒精消毒）、剪刀等。

顾客准备：美容师需协助顾客更换衣物并保管随身携带物品。

灯光、背景音乐准备：柔和的灯光，轻缓的音乐。

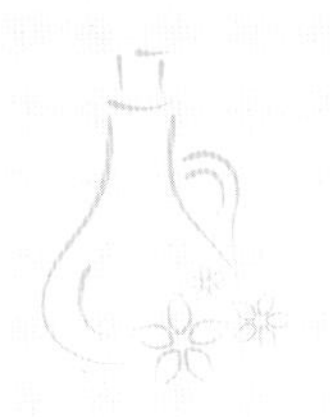

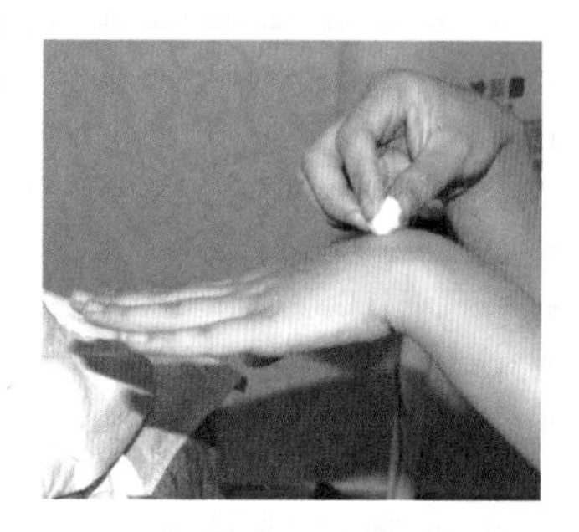
图6-1-2　消毒

操作示范　图6-1-2　消毒

操作说明　美容师用酒精棉球消毒双手与器皿。

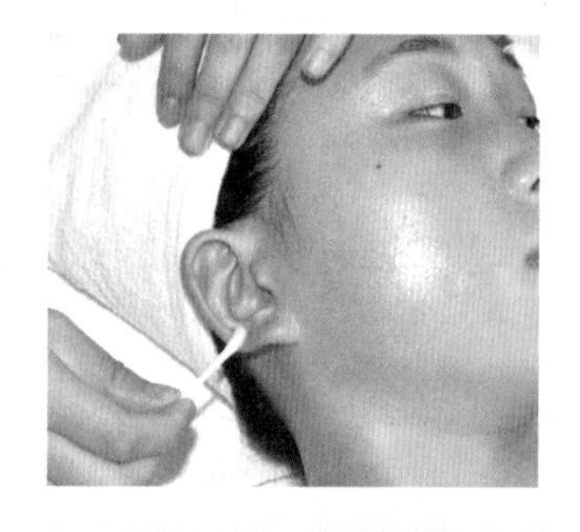
图6-1-3　清洁耳郭

操作示范　图6-1-3　清洁耳郭

操作说明　用棉签蘸适量消毒液（杀菌精油），清洁一侧耳朵的耳郭（耳甲艇、耳甲腔、耳垂、耳舟、耳轮等）。

注意防止水滴滴入顾客耳内。

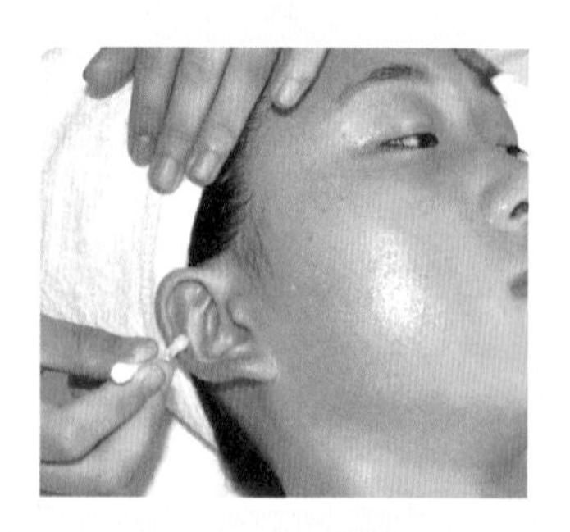
图6-1-4　点按耳穴

操作示范　图6-1-4　点按耳穴

操作说明　轻轻点按、刺激耳部穴位。

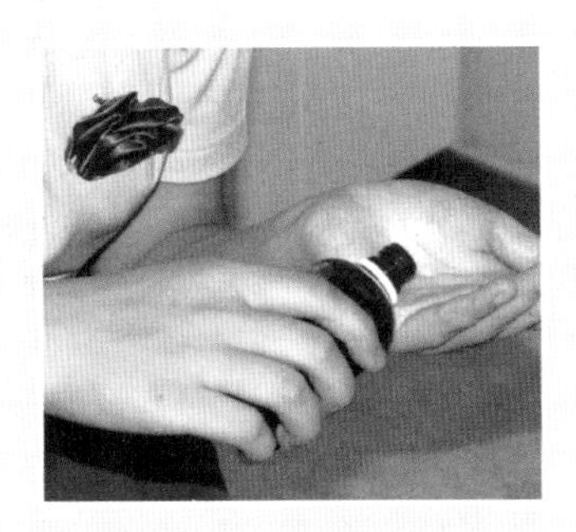

图6-1-5 展油

- **操作示范** 图6-1-5 展油
- **操作说明** 用手掌取适量（5~10滴）精油。

  双手合掌展油。

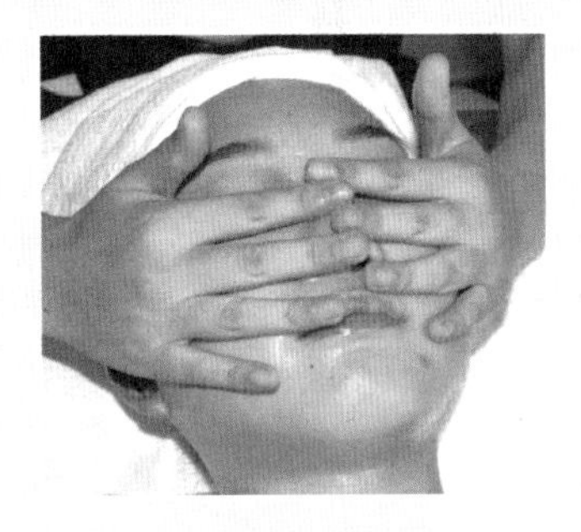

图6-1-6 匀油

- **操作示范** 图6-1-6 匀油
- **操作说明** 双手手掌从下颌拉抹至耳前。

  双手手掌从面颊拉抹至耳前。

  双手手掌横抹额部3次，沿鼻梁而下，包裹面颊后沿耳前推至颈下。

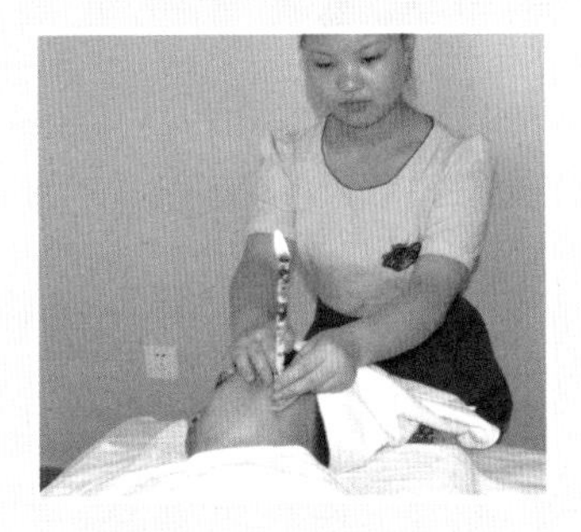

图6-1-7 耳烛操作

- **操作示范** 图6-1-7 耳烛操作
- **操作说明** 耳烛按摩操作。

  操作时必须细心、认真、注意安全。

图6-1-8 结束护理

- **操作示范** 图6-1-8 结束护理
- **操作说明** 结束工作，与面部护理操作的结束工作相同。

二、耳烛护理按摩手法

耳烛按摩操作

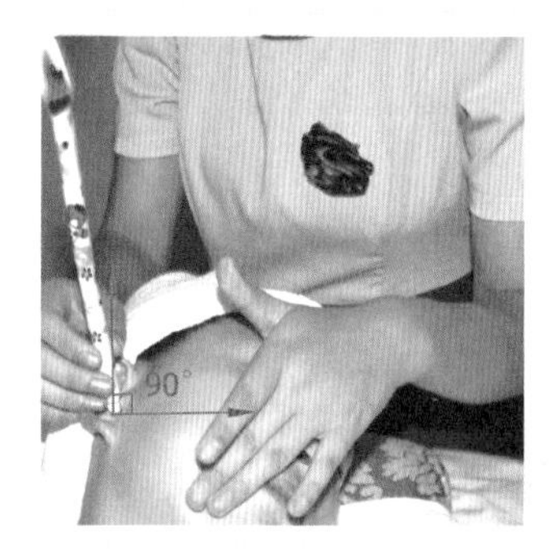

图6-1-9　点燃耳烛

- **操作示范**　图6-1-9　点燃耳烛
- **操作说明**　取一支耳烛棒，用打火机点燃没有耳塞的一端。

  让顾客侧脸，消毒过的耳朵朝上，将耳烛棒与顾客侧脸呈90° 慢慢插入顾客耳朵中。

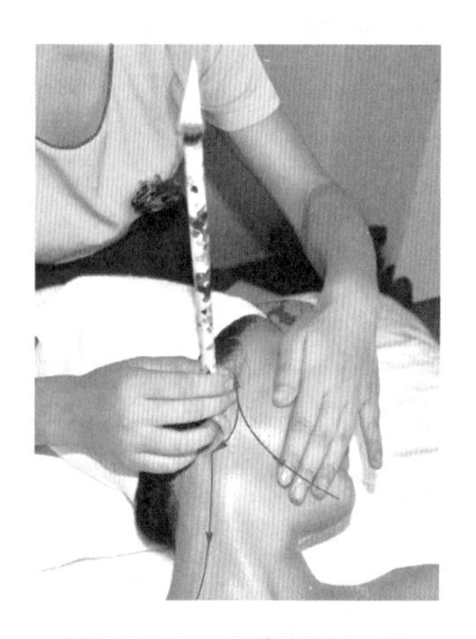

图6-1-10　按摩下颌一线

- **操作示范**　图6-1-10　按摩下颌一线
- **操作说明**　单掌从下颌线拉抹至耳前三穴（听宫、上关、下关），然后顺着耳前三穴拉到后颈部。从后颈部顺着淋巴结排至肩颈部，甩手。

  连续做三遍，手法要服帖。

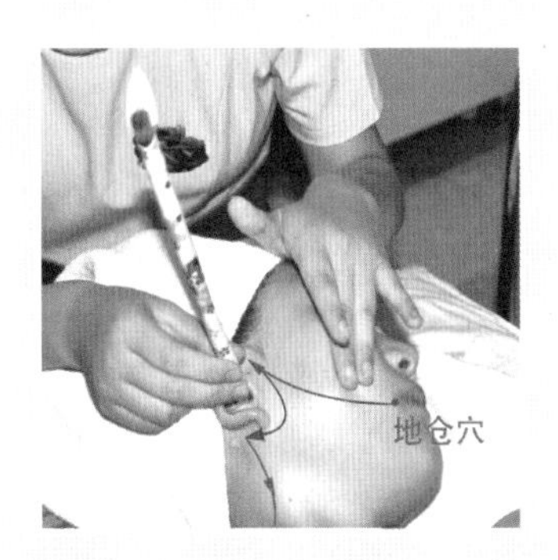

图6-1-11　按摩地仓穴一线

- **操作示范**　图6-1-11　按摩地仓穴一线

- **操作说明**　单掌从同侧的地仓穴起，拉抹至耳前三穴，然后顺着耳前三穴拉到后颈部。从后颈部顺着淋巴结排至肩颈部，甩手。

  连续做三遍，手法要服帖。

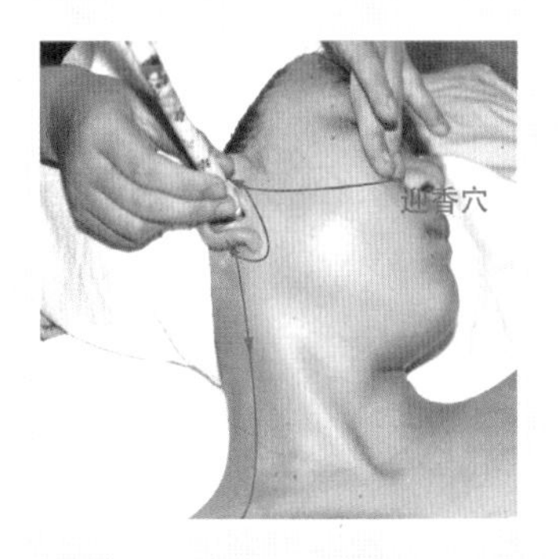

图6-1-12　按摩迎香穴一线

- **操作示范**　图6-1-12　按摩迎香穴一线

- **操作说明**　单掌从同侧的迎香穴起，拉抹至耳前三穴，然后顺着耳前三穴拉到后颈部。从后颈部顺着淋巴结排至肩端部，甩手。

  连续做三遍，手法要服帖。

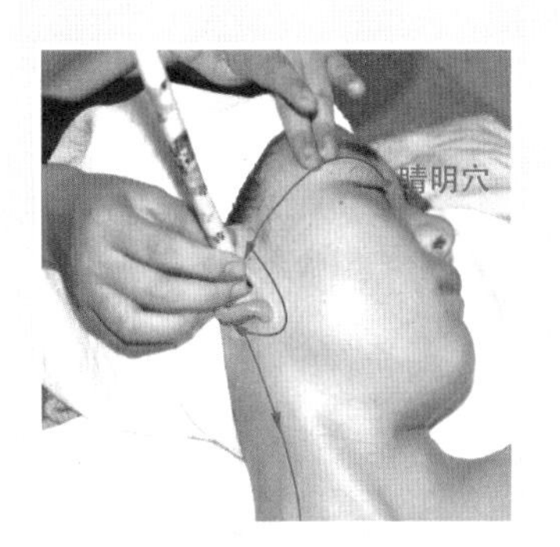

图6-1-13　按摩睛明穴一线

- **操作示范**　图6-1-13　按摩睛明穴一线

- **操作说明**　单掌从同侧的睛明穴起，沿下眼眶推抹至耳前三穴，然后顺着耳前三穴拉到后颈部。从后颈部顺着淋巴结排至肩端部，甩手。

  连续做三遍，手法要服帖。

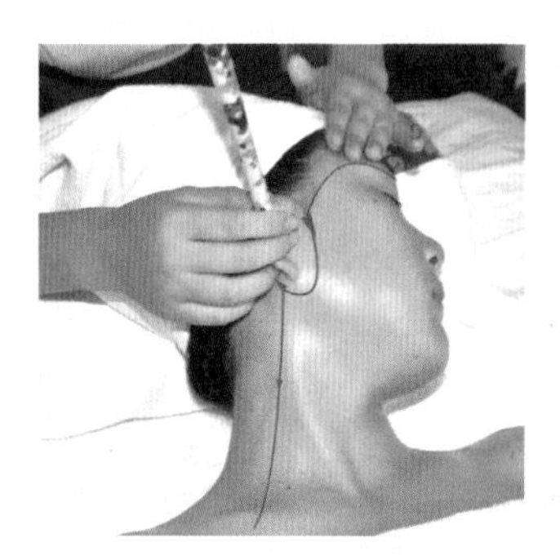

图6-1-14 按摩印堂穴一线

- **操作示范** 图6-1-14 按摩印堂穴一线
- **操作说明** 单掌从额头的印堂穴起，沿太阳穴推抹至耳前三穴，然后顺着耳前三穴拉到后颈部。从后颈部顺着淋巴结排至肩端部，甩手。

连续做三遍，手法要服帖。

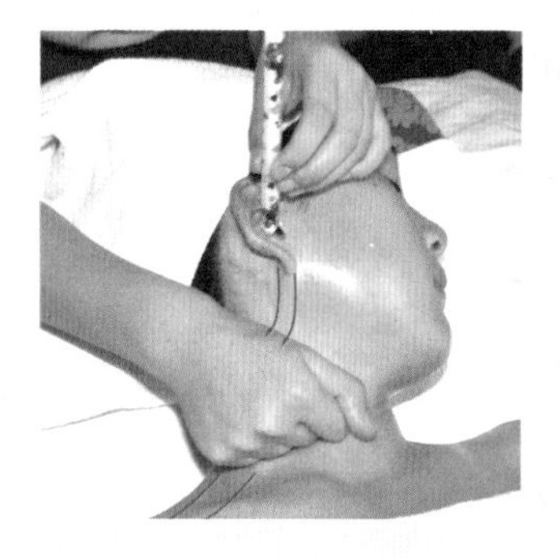

图6-1-15 曲掌按摩

- **操作示范** 图6-1-15 曲掌按摩
- **操作说明** 换手后曲掌，用手背的第二关节推后颈部，顺着淋巴结排至肩端部，甩手。

连续做三遍，手法要服帖。

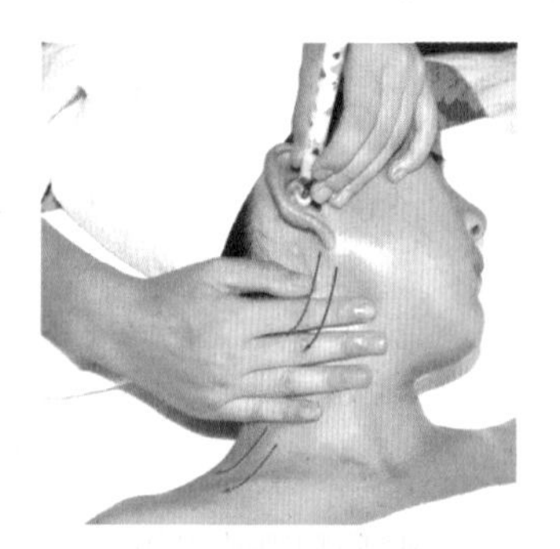

图6-1-16 展掌按摩

- **操作示范** 图6-1-16 展掌按摩
- **操作说明** 单掌展掌，用大鱼际推后颈部，顺着淋巴结排至肩端部，甩手。

连续做三遍，手法要服帖。

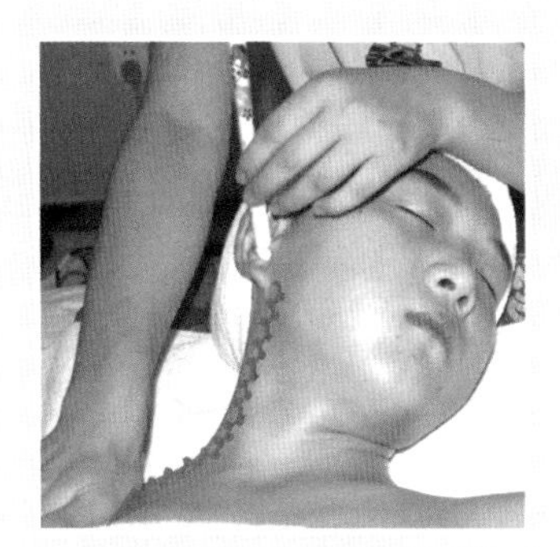

图6-1-17　按揉肩颈

- **操作示范**　图6-1-17　按揉肩颈
- **操作说明**　单手缓缓按揉肩颈，边按边顺着淋巴结压至肩端部，甩手。

  连续做三遍，手法要服帖。

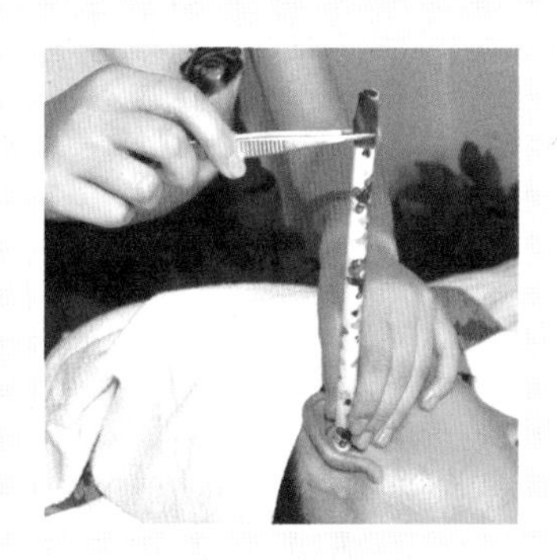

图6-1-18　熄火

- **操作示范**　图6-1-18　熄火
- **操作说明**　当耳烛燃烧至最后一道腰线时，将防火托盘取下，轻轻将耳烛取下，熄灭。

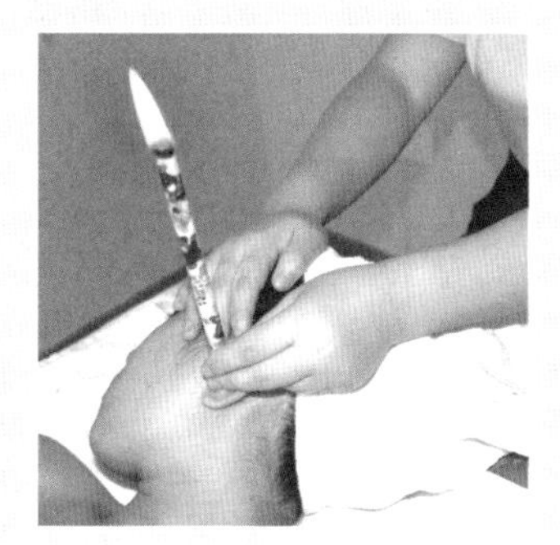

图6-1-19　另一侧耳烛护理

- **操作示范**　图6-1-19　另一侧耳烛护理
- **操作说明**　另一侧耳烛护理与上述操作相同。

任务评价

同学们两人一组，进行耳烛护理的专项训练，并按照下表进行评比。

评价标准		分值	得分			
			学生自评	组间互评	教师评分	总分
1	护理步骤完整	60				
2	力度适中	10				
3	手法服帖	10				
4	手势优美	10				
5	节奏与速度和谐	10				

注：建议训练时同学自由组合，考核时同学随机组合。

相关链接

耳郭的表面解剖名称

人耳有两个重要功能，一个是众所周知的听功能，这涉及听觉系统，它分为三部分：外耳、中耳和内耳；另一个是平衡功能，与前庭系统有关。人体保持平衡主要依靠视觉、本体觉和前庭系统。除了外耳，人耳的其他部分都在颅骨内。耳郭的表面解剖名称如图6-1-20所示。

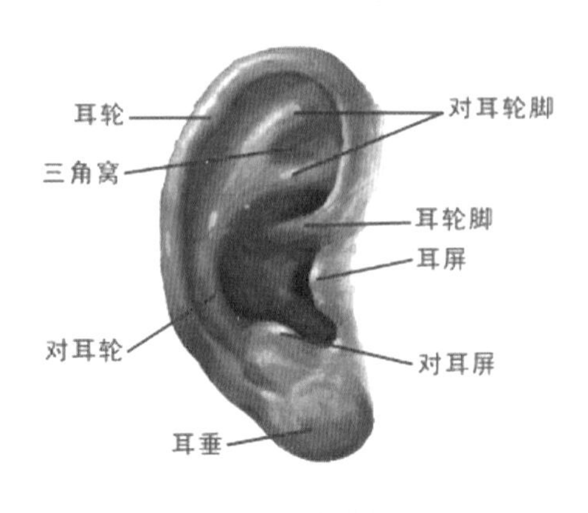

图6-1-20　耳郭的表面解剖名称

课后思考

一、判断题（下列判断正确的请打“√”，错误的打“×”）

1. 耳烛疗法是一种民间巫术。（　　）

2. 耳烛护理时，两只耳朵同时进行。（　　）

3. 在做耳烛护理前，必须对耳郭部位进行清洁与消毒。（　　）

4. 除了外耳，人耳的其他部分都在颅骨内。（　　）

5. 人耳只有一个重要功能，就是众所周知的听功能。（　　）

二、单项选择题（下列每题的选项中，只有一个是正确的，请将其代号填在横线空白处）

1. 耳前三穴，是指________。

A. 听宫、上关、下关　　B. 翳风、上关、下关

C. 听宫、上关、太阳　　D. 听宫、听会、下关

2. 耳烛护理时，耳烛棒与顾客侧脸呈________慢慢插入顾客耳朵中。

A. 30°　　B. 45°

C. 60°　　D. 90°

3. 耳烛护理（双耳）时间控制在________。

A. 1～5分钟　　B. 5～10分钟

C. 10～15分钟　　D. 25～30分钟

三、填图题

在图6-1-21中填上耳郭各部位名称。

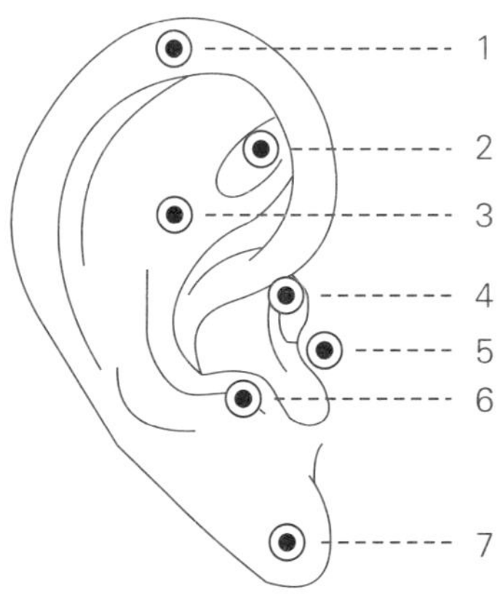

图6-1-21

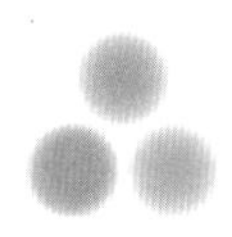

任务二　耳穴埋豆法

中医认为，耳朵的形状很像倒置的胎儿，它是全身的缩影，人身上五脏六腑等所有器官在耳朵上都能找到相应的穴位。

当人体出现亚健康状态或生病时，往往会在耳郭上的相关穴区有反应，刺激这些相应的反应点及穴位，可起到防病治病的作用，这些反应点及穴位就是耳穴（共有200多个穴区）。

耳穴埋豆法是在耳针疗法的基础上发展起来的一种保健方法。具体操作是将表面光滑近似圆球状或椭圆状的中药王不留行籽或小绿豆等，贴于0.6 cm×0.6 cm的小块胶布中央，然后对准耳穴贴紧并稍加压力，使患者耳朵有酸、麻、胀或发热的感觉。贴后患者应每天自行按压数次，每次1～2分钟。每次贴压后保持3～7天。

下面以治疗流行性感冒为例，图解耳穴埋豆疗法。

耳穴埋豆穴位护理程序

护理目的：采用药籽或菜籽等物品贴压及刺激耳郭上的穴位或反应点，通过经络传导，达到通经活络、调节气血、防治感冒等目的。通过护理，疾病的临床症状得到缓解或解除。

评估患者：耳部皮肤完好无破损、无水肿、无疤痕、无溃疡、无出血等，适合操作。及时了解患者对疼痛的耐受程度和对治疗疾病的信心。

评估环境：环境清洁、宽敞、安静、光线充足。

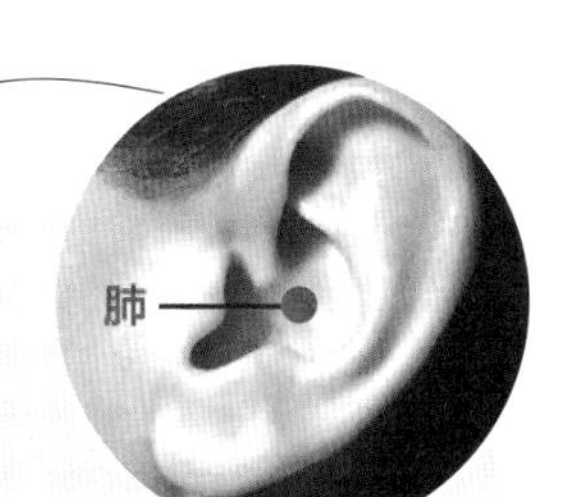

图6-2-1 肺穴区

- 操作示范 图6-2-1 肺穴区
- 定　　位 耳甲腔的底端

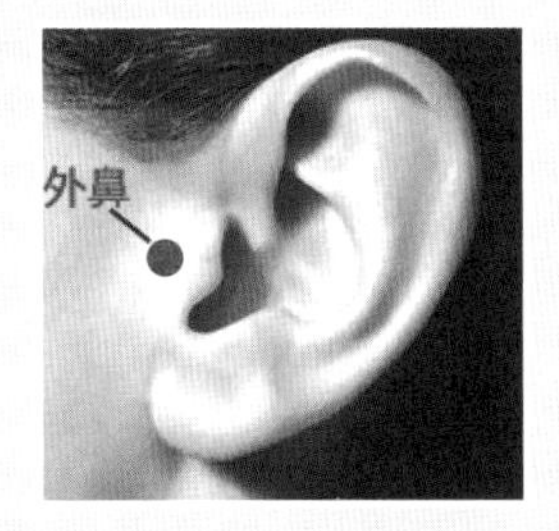

图6-2-2 外鼻穴区

- 操作示范 图6-2-2 外鼻穴区
- 定　　位 耳屏前方的正中位置。

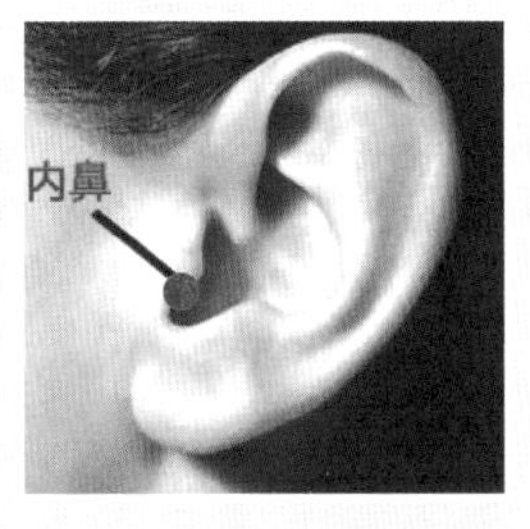

图6-2-3 内鼻穴区

- 操作示范 图6-2-3 内鼻穴区
- 定　　位 耳屏内侧面的下半部分。

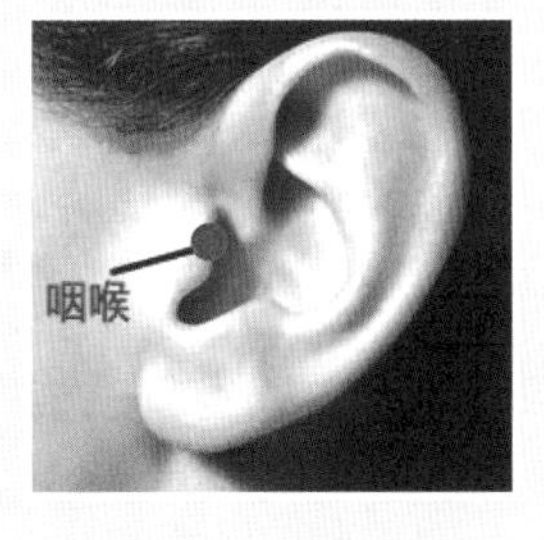

图6-2-4 咽喉穴区

- 操作示范 图6-2-4 咽喉穴区
- 定　　位 内鼻的上方，耳屏的内侧面的上半部分。

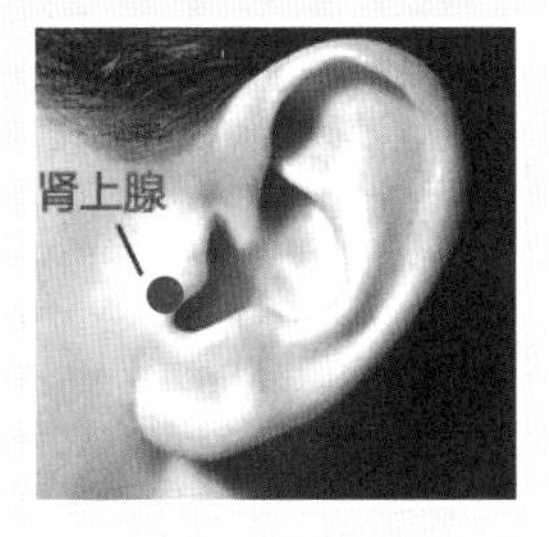

图6-2-5 肾上腺穴区

- 操作示范 图6-2-5 肾上腺穴区
- 定　　位 耳屏突起的下尖端。

- 操作示范 图6-2-6 耳尖穴区
- 定　　位 耳轮最高点。

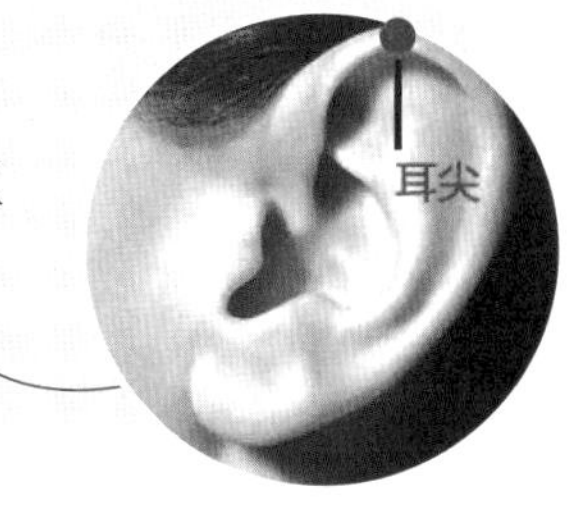

图6-2-6 耳尖穴区

● **操作说明** 用物准备：治疗盘、敷料缸（内装药籽或菜籽等）、75%酒精、棉签、镊子、探棒、胶布、弯盘、小剪刀等。

耳穴部位用75%酒精消毒。

左手手指托持耳郭，右手用镊子夹取备好的小方块胶布，中心粘上准备好的药籽，对准穴位紧紧贴压，并轻轻揉按1～2分钟。

方法正确，部位准确，操作熟练。及时询问患者有何感觉。

操作完毕，清理用物，洗手，做好记录。

● **注意事项：** ①取穴宜根据主要病症取其反应明显的穴位，要少而精，每次以贴压5～7穴为宜，每日按压3～5次，隔 3 天更换 1 次，如有污染及时更换，两组穴位交替贴压，两耳交替或同时贴用。

②洗澡洗头时保护好耳部，以延长耳穴贴压的时间。

③耳部炎症、冻伤的部位禁用。

● **健康教育：** ①耳穴贴压期间，局部感到热、麻、胀、痛是正常现象。

②学习或工作1～2小时后放眼远眺，休息10～15分钟，使睫状肌松弛。

③起居有常，饮食有节。多吃富含维生素A、B族维生素及含锌较多的食品，如蛋、奶、肉、鱼、肝脏和新鲜的蔬菜、水果。

④阅读和写字要保持与书面30 cm以上距离和正确的姿势；不要平躺及歪着头看书，光线照明要适合眼睛；不宜长时间上网及看电视。

⑤劳逸结合，注意锻炼身体，增强体质。

任务评价

以小组为单位，快速定位诸耳穴（每一个满分为100分），并进行评比。

评价标准			分值	得分			
				学生自评	组间互评	教师评分	总分
1	时间控制	在规定时间内	20				
		超过规定时间	0				
2	定位点按	能准确定位	40				
		不能准确定位	0				
3	定位描述	能正确描述	40				
		不能准确描述	0				

注：建议训练时同学自由组合，考核时同学随机组合。

相关链接

耳穴分布的规律

“耳者，宗脉之所聚也。”十二经脉皆通于耳，耳部有反射身体各部位的丰富穴位，所以人体某一脏腑和部位发生病变时，可通过经络反映到耳郭相应点位上。根据生物全息论，经常按摩双耳及其反射区，可以疏通经络，调节神经的兴奋和抑制过程，增强代谢功能，促进血液循环，从而起到强身健体的作用；同时，具有镇痛、镇静、消炎、止咳、发汗、退热、催眠等功效，能防治感冒、疼痛、神经衰弱和失眠等。

耳穴在耳郭上的分布是有其规律的。“小小耳郭倒人形，耳轮四肢头耳垂；上耳窝为中下腹，下耳窝处对心肺；窝边外缘查脊椎，中间软骨末端胃。”与面颊相应的穴位在耳垂；与上肢相应的穴位在耳周；与躯干相应的穴位在对耳轮体部；与下肢相应的穴位在对耳轮上脚；与腹腔相应的穴位在耳甲艇；与胸腔相应的穴位在耳甲腔；与消化道相应的穴位在耳轮脚周围等。（见图6-2-7）

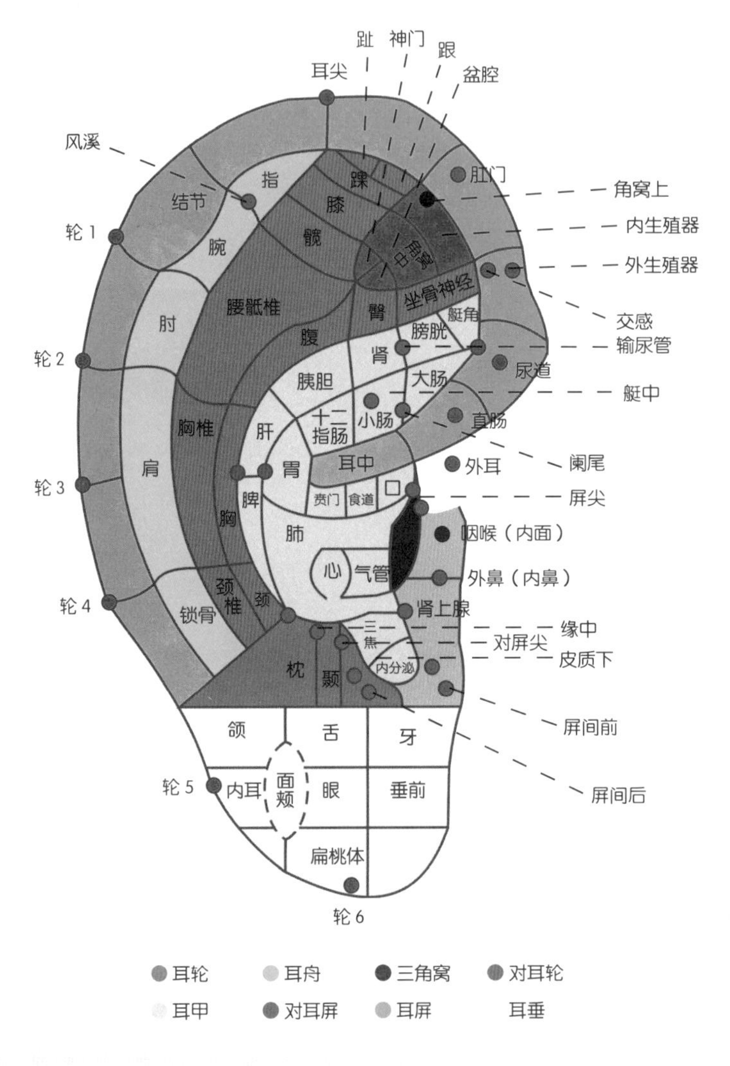

图6-2-7　耳穴分布

课后思考

一、判断题（下列判断正确的请打“√”，错误的打“×”）

1. 耳郭下部无软骨的部位称为耳屏。（　　）

2. 耳郭是人体的缩形，人体各部位在耳郭的分布好似一个正坐的胎儿。（　　）

3. 人体某一脏腑和部位发生病变时，可以通过经络反映到耳郭相应点位上。（　　）

4. 经常按摩双耳及其反射区，可以医治感冒、失眠等病症。（　　）

5. 耳穴在耳郭上的分布是随机的，没有规律可循。（　　）

二、单项选择题（下列每题的选项中，只有一个是正确的，请将其代号填在横线空白处）

1. 不属于耳穴疗法的是________。

A. 按摩法　　B. 针刺法

C. 拔罐法　　D. 压豆法

2. 人体耳前外侧面的排列像一个在子宫内倒置的胎儿，头部朝________。

A. 左　　B. 右

C. 上　　D. 下

3. 耳屏上缘与耳轮脚之间的凹陷处，称为________。

A. 屏上切迹　　B. 上屏尖

C. 下屏尖　　D. 耳屏前沟

三、看图说话题

请上网查阅相关资料，说说耳穴埋豆法还可以治疗哪些常见病。

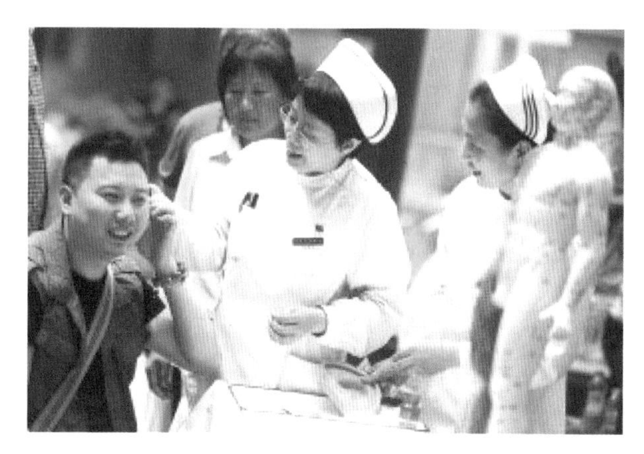

图6-2-8

项目总结

在本项目的学习中，同学们了解了耳烛疗法的原理以及注意事项，掌握了耳烛疗法的操作程序及其美容的实际技能。

在本项目的学习中，同学们还接触了耳穴按摩法中的一个分支——耳穴埋豆法。它是耳穴疗法中的重要疗法和保健方法之一。它与耳穴其他的疗法一样，同属于祖国医学中的一种独特的治疗、保健方法。人体脏腑和肢体器官发生病变时，耳郭的相应部位会出现变色、变形、丘疹、脱皮、压痛等现象。通过按摩这些部位可以起到治病的作用，也可以通过这样的按摩来辨别和诊断疾病。耳穴埋豆法具有操作简便、易于掌握、行之有效、安全、无痛苦、无副作用等优点，对许多疾病和症状确有良好的治疗和辅助治疗作用。

掌握这些技能，对于美容师的职业技能是一种很好的提升。希望通过本项目的系统学习，结合教学实践，同学们能刻苦训练、融会贯通，熟练掌握相关技能。

项目反思

日期：　　　年　月　日

项目七

男士护肤

情境聚焦

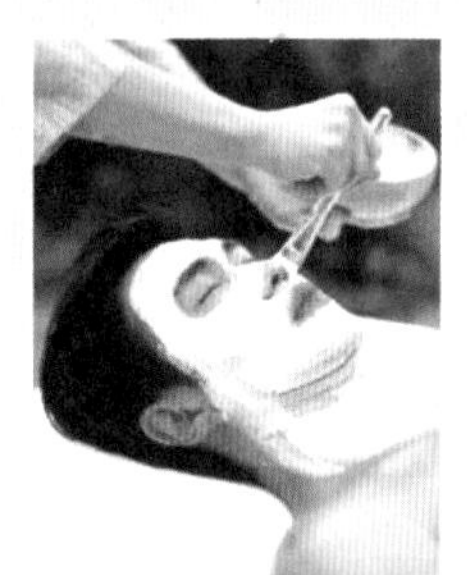

一天，美发与形象设计班的一位男生来找李瑛诉苦：由于这些天脸上长疙瘩，以致他的搭档在化妆课上无法与他对练，实在过意不去。眼看着期末考试就要到了，希望李瑛帮他治治疯长的痘痘。

如今越来越多的男士开始关心起自己的仪容，意识到维护皮肤健康的重要性。男士皮肤护理已逐渐成为美容院的新增服务项目。近年来，在我国的一些大中型城市，爱美的男士们也开始购买美容护理品，逐渐进出美容沙龙。

我们的目标是

- 了解两性皮肤的差异
- 熟悉男士面部皮肤护理的基本操作程序

着手的任务是

- 准确地掌握男士皮肤护理要领
- 学会针对男士问题皮肤提出个性化建议

任务实施中

任务一　男士面部皮肤沙龙护理

“保护皮肤男女有别”——男性和女性无论是在解剖结构上还是生理功能上，都有着明显的不同，因此其各自保护皮肤的方法也不同。可能的话，可请男性顾客在家剃须后再来美容院接受护理，这样可以省掉一些麻烦。如果顾客蓄了胡须，那么护理就仅限于没有长胡须的部位，如额头、鼻子、面颊。

男士面部皮肤沙龙护理核心程序包括下面六个步骤，让我们一起来做一做、学一学！

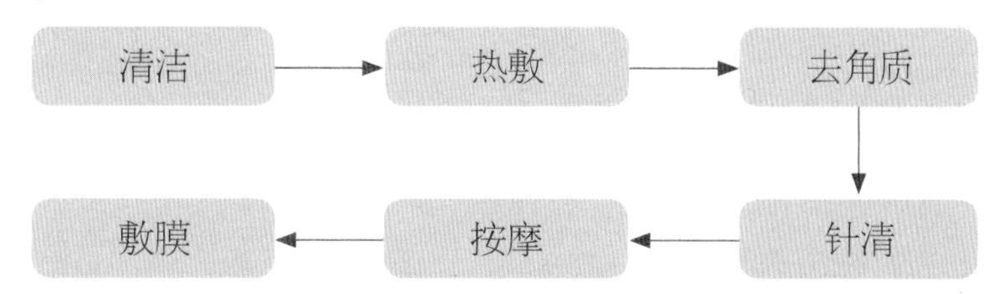

男士面部皮肤沙龙护理程序表

操作程序	操作方法及要点	注　意　事　项
准备工作	在护理前，美容师可以请顾客脱去外衣，穿上美容院提供的服装	衣服不要太花哨或太女性化，最好是和服式的袍子
消毒	70%的酒精、棉球	消毒将要使用的工具、器皿和产品封口处
面部清洁	用洗面奶清洁皮肤表层及毛孔	选择合适的清洁品，选用海绵扑或小方巾，水温控制在30℃～40℃
仪器清洁	使用电动磨面刷清洁面部	选择合适的刷头，操作时应将毛刷浸湿，并将多余的水分甩掉，残留一点即可
咨询与分析	用肉眼观察或用放大镜观察	男性顾客的皮肤分析步骤与女性顾客基本相同
爽肤	轻拍爽肤水	选用具有收缩毛孔功效的爽肤水

续表

操作程序	操作方法及要点	注 意 事 项
蒸面	用蒸汽机令毛孔扩张	蒸面时间一般为 5 分钟，喷口与面部的距离在25 cm左右
去角质	清除皮肤表层死细胞	选择磨砂膏或洁面啫喱，因人而异
针清	采用针清的方法清白头、黑头、痤疮	充分消毒
按摩	按摩面部15分钟，以舒缓疲劳，令皮肤恢复光彩	充分消毒胡须浓密的部位，应顺着胡须生长的方向按摩
仪器	如果痤疮部位色素沉着较重，可用超声波配合祛斑霜进行治疗	充分消毒、频率适中
敷面膜	敷上具有矿物成分的泥膜，进一步清洁皮肤及收紧毛孔，使粗糙的皮肤恢复光滑	充分消毒，对留须的顾客应选择非凝结型面膜
护后滋养	在面部涂上含滋润成分的保湿乳	面颊和干燥部位可多涂些，“T”区部位易出油，略略带过即可
结束整理	护理完成后，做好结束工作	先协助顾客做好整理工作，再着手工作区域的收拾工作
护后咨询	询问顾客对护理的感受	告知第一次接受护理的顾客如何进行居家保养

重点突破

男士面部皮肤特点

男士面部皮肤的特点是角质层较厚、毛孔粗大、油脂分泌旺盛，加之多数男士对自己的皮肤不在意，所以有80%以上的男士皮肤都是油性皮肤。过度分泌的油脂不但会让鼻头、额头长出粉刺、青春痘，更不用提因为长期累积在毛孔内的油垢，会使脸色看起来暗沉、污浊。男士面部皮肤有这些特点的原因可归纳为以下几点。

第一，荷尔蒙的作用。男性皮肤一般偏向油性，pH为4.5～6.0，由于荷尔蒙活动过频刺激皮脂分泌，所以油脂及汗水分泌比较多。当旺盛的分泌物未被及时清洗、疏导而堵塞毛孔，皮肤上就会出现暗疮。而且如果在暗疮长出时没有及时治疗处理，就很有可能因为细胞坏死而留下永久的疤痕。

第二，生活方式不良。抽烟、熬夜、应酬、饮食无规律，都可能导致身体内分泌紊乱，皮肤也受到影响。经常抽烟的人脸色暗淡；熬夜的人面色泛青，黑眼圈明显；应酬过多的人皮肤泛油光；饮食无规律的人容易长痘痘。在某些方面，男人比女人承受着更大的压力。瑞士权威美容和心理研究机构发现，精神压力可导致内分泌系统紊乱，出现持久的心身功能失调，以致皮肤干燥松弛，失去光泽，肤色呈病态，这种现象称为“凌乱皮肤综合征”，它会加速皮肤衰老，影响皮肤健美。

第三，不屑于皮肤护理。不少男士认为皮肤护理是女性的专利，男人最好阳刚一些，用不着护理皮肤，于是干燥、缺水、油光等问题也就出现了。

第四，过多的户外运动。男性较喜欢户外运动，如户外高尔夫、足球、篮球、游泳等运动，户外运动会使皮肤长时间暴露在阳光下，阳光会对皮肤造成伤害，比如，晒伤、晒斑，而且加速皮肤老化。

任务二　各类型男士面部皮肤保养

男士面部皮肤特点及保养方法

皮肤类型	特点	保养方法
干性皮肤	此类皮肤无光泽，细微的皱纹较多，表面可见鳞片状皮屑，遇冷、热刺激时，容易发红，油脂分泌少，干涩、粗糙	经常做面部按摩，改善局部血液循环。选用酸性清洁用品。洁面后，使用富含营养成分的油脂类护肤膏保养护肤。少吸烟，每天保持充足的睡眠，多食富含高蛋白及微量元素的食品
油性皮肤	皮脂分泌丰富，易受污染，对细菌的抵抗力较弱。若不注意清洁护理，易生粉刺、痘痘，皮肤变得粗糙。处于生长发育期的男青年多属此类皮肤	每日至少早晚两次清洁面部，先用清洁力强的男士专用洗面香皂清洁面部，后用滴入少量（几滴便可）白醋的温热水洗净，并用脱脂棉蘸适量化妆水轻轻拍打面部。使用男士专用乳液护肤，保持充足的睡眠、愉快的心情。少食辛辣、刺激及高脂肪食品，多吃蔬菜、水果，严格控制咖啡、酒的摄入量，少吸烟
混合性皮肤	皮脂分泌通畅，皮肤细腻光滑。受气候的影响，夏天会稍油，冬天稍干。此类属正常皮肤	夏天注意防晒，冬天注意防冻。早晚用男士专用清洁用品洁面，之后用富含营养成分的男士专用护肤品护肤。虽属正常皮肤，但充足的睡眠和忌食辛辣食品，控制烟酒仍是必要的
过敏性皮肤	此类皮肤易对紫外线、化妆品、药品、化学制剂和化纤衣物过敏。过敏时，皮肤出现红肿、发痒、脱皮、丘疹等现象，严重的还会引起皮肤炎症	夏日防晒，冬天防冻。在未确定过敏源的情况下，最好别接触海鲜、花粉、长毛宠物、化纤衣物、杀虫剂，不要服用兴奋剂、镇静剂、伤风药、减肥药、泻药以及未经试用的化妆品。早晚净面和护肤时，应选用含有营养成分、性质柔和的男士洁面用品和护肤品
暗疮性皮肤	可见明显的暗疮及色素沉着，深色斑点	每天早晚用硫黄香皂洁面，之后用加少量食盐的冷水清洗干净。洁面后，用硫黄软膏或四环素软膏涂抹患处。适当补充维生素C、微量元素，多喝白开水，多食蔬菜水果，禁食辛辣、油腻的食物，禁食咖啡、花生、浓茶和烟酒。症状严重时，及时到医院接受治疗

续表

皮肤类型	特点	保养方法
色素斑点性皮肤	皮肤表面状态不稳定，有时干燥、有时油腻。表面黑色素细胞沉积明显，整个面部或局部可见棕、褐色和黑色小点	每周可到美容院进行1～2次祛斑面膜、祛斑精华素的护理。严格防晒，戒烟戒酒。睡前，用温水和刺激性较小的洗面奶清洁脸部，之后涂抹少许润肤露，以保持皮肤的滋润
衰老性皮肤	男士皮肤显著衰老大概在55岁左右。一般表现为：皮脂分泌减少，出现较多、较深的皱纹，无光泽，无弹性，明显松弛，苍白或浮肿，皮肤干燥	防晒，忌烟酒，保持足够的睡眠；淡泊名利，保持健康的心态和愉快的情绪，坚持力所能及的体育锻炼。早晚用温水和男士专用洗面奶清洁脸部、颈部、手臂，并涂抹男士专用护肤润肤品，以保持皮肤滋润，减缓皮肤衰老进程

相关链接

男士护肤五大误区

误区一：每天用香皂洁面就可以了

香皂并不是最佳的洁面选择，经常使用香皂会影响皮肤的酸碱度。当皮肤感到干燥或紧绷时，皮脂腺便会分泌大量的油脂，使面部出油情况严重。

误区二：暗疮可以自生自灭或是可以用手挤掉

暗疮是灰尘、死皮堆积毛孔，使皮脂无法正常排出，从而导致皮肤被细菌感染而形成的。如果用手挤去粉刺，或是听之任之，就会使暗疮越藏越深，甚至留下凹凸不平的疤痕。所以平时应使用磨砂膏洁面。

误区三：饮食起居与美容无关

如果没有良好的饮食习惯，经常吃油腻、辛辣、刺激的食物，并有抽烟的习惯，那么面部皮肤就会缺乏光泽。所以平时要养成良好的饮食习惯，多吃清淡的食物和新鲜的蔬菜、水果，多喝水、少抽烟，这样才能有效地改善皮肤状况。

误区四：女士使用的护肤品同样适用于男性

大部分男士的肤质趋向于油性，同时又缺水。而女性的护肤品大多是滋润型的，因此大多数女性产品不适合男性。所以，男士应当选择比较清爽的男用护肤品。现在市面上已经有很多品牌有了男性护肤产品，可选择一些有男士护肤品的品牌。

误区五：防晒只是女士关心的话题

防晒的首要目的在于防晒伤，日光中的紫外线对皮肤有很大的杀伤力。所以防晒不分男女，应该是每个人都关心的事。

任务评价

课后，寻找男生进行专项护理训练，并按照下表进行评比。

评价标准		分值	得分			
			学生自评	组间互评	教师评分	总分
1	护理步骤完整	50				
2	力度适中	15				
3	手法服帖	15				
4	手势优美	10				
5	节奏与速度和谐	10				

注：针对男士问题皮肤提出建议，会更有效果。

课后思考

一、判断题（下列判断正确的请打“√”，错误的打“×”）

1. 面部暗疮可以自生自灭或是可以用手挤掉。（　　）

2. 女性的护肤品大多是滋润型的，大多数女性产品不适合男性。（　　）

3. 男性皮肤比女性皮肤厚，抵抗力较强。（　　）

4. 饮食无规律会长痘痘。（　　）

5. 近年来，在我国的一些大中型城市，爱美的男士们也开始逐渐进出美容沙龙，购买美容护理品。（　　）

二、单项选择题（下列每题的选项中，只有一个是正确的，请将其代号填在横线空白处）

1. ________不是男性护肤的主要目的。

A. 清洁　　B. 控油　　C. 清痘　　D. 除皱

2. 80%以上的男性皮肤都是 ________。

A. 干性皮肤　　B. 中性皮肤　　C. 油性皮肤　　D. 混合性皮肤

三、看图说话题

图7-2-1和图7-2-2是一位男生护理前后的对比图，请向男生宣讲皮肤护理的好处。

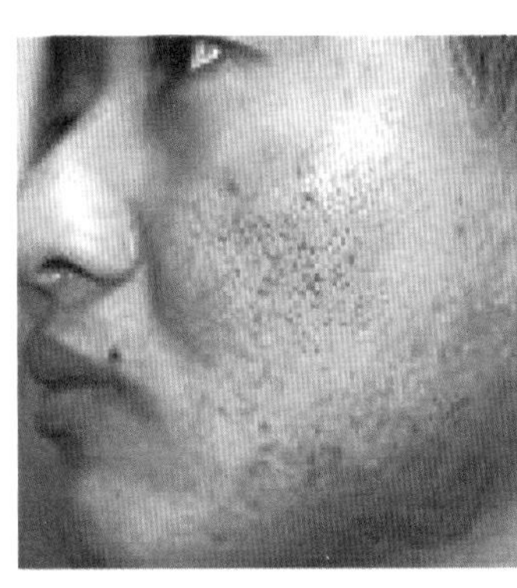

图7-2-1　护理前

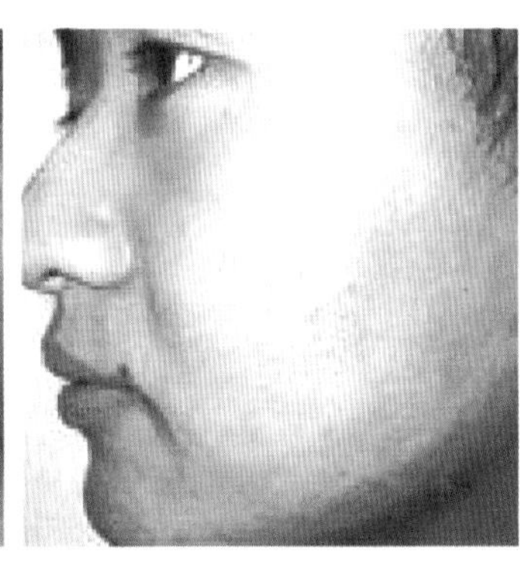

图7-2-2　护理后

项目总结

男性皮肤相对女性皮肤来说缺乏保护，易衰老。本项目主要介绍男性皮肤的护理方法及男性皮肤的特点。这对日后开展男性皮肤护理工作、扩大服务范围都有较强的指导作用。

希望通过本项目的系统学习，结合教学实践，同学们能刻苦训练、融会贯通，熟练掌握相关技能。

项目反思

日期：　　年　月　日

附录　各项目任务的参考答案

项目一　眼、唇专业护理

任务一　眼部皮肤专业护理

一、判断题

1. √　2. √　3. ×　4. ×　5. ×　6. √

二、单项选择题

1. B　2. C　3. A　4. A　5. C

三、填图题

略

四、看图说话题

略

任务二　唇部皮肤专业护理

一、判断题

1. ×　2. √　3. √

二、单项选择题

1. B　2. C

三、填图题

略

四、看图说话题

略

项目二　头部按摩

任务二　头部按摩常用穴位

一、判断题

1. ×　2. √　3. √　4. ×　5. ×

二、单项选择题

1. B 2. C 3. A 4. D 5. A 6. C

三、看图说话

略

四、综合训练

1. 略

2. 答：如果将我们的秀发比喻为草原上的草，那么头皮则是决定秀发美丽与否的根本。一般来说，健康成人的头皮面积为650～700 cm^2。与身体其他部位皮肤相比，头皮表皮角化及更新速度比较快，约是其他皮肤的两倍，大部分角质层厚而致密。头皮暴露于自然环境中，受到多种因素的影响，包括阳光照射、大气、雨水以及电吹风加热、梳子摩擦，等等。

从头皮的构造看，最外面的表皮层能够防止外界污染和细菌的侵袭，一旦受到损害，将会产生敏感、瘙痒、头皮屑等问题。表皮层下的真皮层，则为秀发提供极为重要的滋养成分，如果它遭到破坏，油脂分泌失衡、光泽度不佳，甚至白发、脱发等问题接踵而至。其中在两保护层之间的就是伸展到真皮层深处的毛囊了，它直接关系到头发的生长和新陈代谢。

项目三 前颈部护理

任务一 前颈部护理操作

一、判断题

1. √ 2. × 3. ×

二、单项选择题

1. A 2. D

三、看图说话

略

四、社会调研题

略

项目四 面部损美性皮肤护理

任务一 色斑皮肤护理

一、判断题

1. √ 2. × 3. √ 4. × 5. × 6. √ 7. √

二、单项选择题

1. A　2. C

三、看图说话题

略

任务二　痤疮皮肤护理

一、判断题

1. ×　2. √　3. ×　4. ×　5. ×

二、单项选择题

1. A　2. C

三、看图说话题

略

任务三　衰老皮肤护理

一、判断题

1. √　2. √　3. ×　4. ×　5. √

二、单项选择题

1. B　2. A　3. C

三、看图说话题

略

任务四　敏感皮肤护理

一、判断题

1. ×　2. √　3. ×

二、单项选择题

1. A　2. C

三、看图（表）说话题

1. 答：影响皮肤的不可控因素有年龄、阳光、湿度、风、温度、污染；影响皮肤的可控因素有睡眠、水分、运动、吸烟、压力、营养、饮酒、咖啡、药物。

2. 略

项目五　面部刮痧与拨经

任务一　面部刮痧护理

一、判断题

1. √　2. ×　3. √　4. ×　5. √

二、单项选择题

1. B　2. A　3. D　4. B

三、看图说话题

鱼形刮痧板：

鱼形刮痧板是根据人体面部生理结构设计的面部专用刮痧板，符合人体面部的骨骼结构，便于刮拭及疏通经络。鱼形刮痧板常用两只，左右手各一只配合刮痧油使用。用鱼形刮痧板配合刮痧油做面部刮痧会收到意想不到的效果，面部刮痧不仅能改善面部血管的微循环，同时对眼、鼻、口腔、面部也能起到很好的保健作用。

头部梳形刮痧板：

梳形刮痧板的一端可用于头部经络的疏通，另一端为波浪形，可用于点按头部相应的穴位。梳形刮痧板无须刮痧油，用于刮拭头部，活跃大脑皮层，点按百会穴及四神聪穴，增加记忆和思维能力，帮助缓解不安与焦虑，同时刺激毛囊、减少脱发、激发毛发再生、促使白发变黑，具有美发护发的功效。

三角形刮痧板：

配合刮痧油用于四肢及颈部刮拭、穴位的打通。可通利关节、疏通盘脉，并可活跃颈部经络组织细胞，防止颈部皮肤下垂，减缓衰老。

背部刮痧板：

配合刮痧油使用，用于背部的刮痧、排痧，疏通背部经络。作用于全身肌肉厚实部位，疏通经络，可使肌肤亮丽，祛病强身，延年益寿。

任务二　面部拨经护理

一、判断题

1. ×　2. √　3. √　4. ×　5. √　6. ×

二、单项选择题

1. D　2. D　3. D　4. C　5. A　6. B　7. A　8. C

三、看图说话题

略

项目六　耳部护理

任务一　耳烛疗法

一、判断题

1. ×　2. ×　3. √　4. √　5. ×

二、单项选择题

1. A 2. D 3. D

三、填图题

答案见下图。

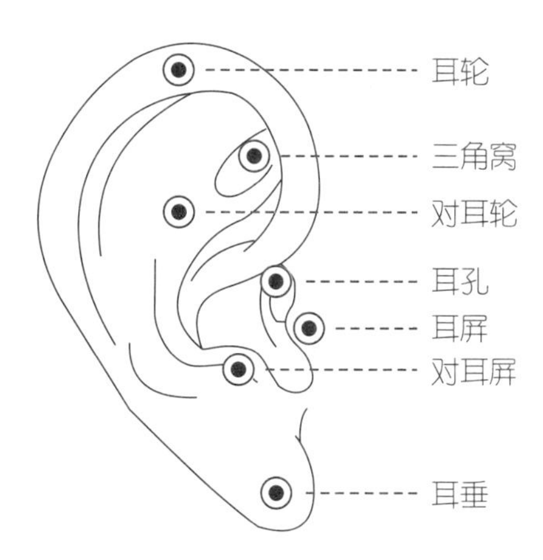

任务二 耳穴埋豆法

一、判断题

1. × 2. × 3. √ 4. √ 5. ×

二、单项选择题

1. C 2. D 3. A

三、看图说话题

略

项目七 男士护肤

任务二 各类型男士面部皮肤保养

一、判断题

1. × 2. √ 3. × 4. √ 5. √

二、单项选择题

1. D 2. C

三、看图说话题

略

参考文献

[1] 袁芳. 生活美容. 北京：科学技术文献出版社，2007.

[2] 人力资源和社会保障部教材办公室，上海市职业培训研究发展中心. 美容师. 北京：中国劳动社会保障出版社，2010.

[3] 成都市现代职业技术学校. 美体. 北京：高等教育出版社，2010.

[4] 张春彦. 高级美容师视听教程. 北京：人民军医出版社，2010.

[5] 汤明川. 美容指导・面部护理. 上海：上海交通大学出版社，2009.

[6] 中国就业培训技术指导中心. 美容师. 北京：中国劳动社会保障出版社，2010.

[7] 人力资源和社会保障部教材办公室，上海市职业培训研究发展中心. 香薰美容与保健. 北京：中国劳动社会保障出版社，2010.

[8] 姜勇清. 美容与造型. 北京：高等教育出版社，2010.

[9] 赵晓川. 医学美容技术. 北京：高等教育出版社，2005.

[10] 陈大为，王宝玲. 穴位按摩1001对症图典——图解经络穴位按摩全集. 天津：天津科学技术出版社，2010.

[11] 王正，卢晨明，张晓妍. 塑造美的形象——美容美发与人物形象设计技术. 北京：外语教学与研究出版社，2012.

[12] 徐家华，张天一. 化妆设计. 北京：中国纺织出版社，2011.

[13] 沈佳乐. 面部护理（下）. 北京：北京师范大学出版社，2016.

[14] 湖南省人力资源和社会保障厅职业技能鉴定中心. 美容师鉴定指南. 北京：中国劳动社会保障出版社，2016.

[15] 申泽宇，吴琼. 美容美体技术. 上海：复旦大学出版社，2019.